U0590764

住宅装饰装修技术指南

曹义龙　孙培都　主编

中国建筑工业出版社

图书在版编目（CIP）数据

住宅装饰装修技术指南 / 曹义龙，孙培都主编 . 北京 : 中国建筑工业出版社，2025. 8. — ISBN 978-7 –112–31425–6

Ⅰ. TU241–62

中国国家版本馆 CIP 数据核字第 2025YB9854 号

本书主要分为住宅装修设计篇、工程篇及验收篇。主要内容包括：住宅装修设计、厨房与卫生间设计、给水排水与电气工程设计、分项工程设计、设计项目案例、文明施工与拆除、施工前检查与临时用电安全、轻体砖砌筑与轻钢龙骨隔墙及吊顶施工、电气工程与给水排水施工、抹灰工程与防水工程施工、瓦工与油工工程施工、安装厨卫集成吊顶等内容。可供专业装修公司设计、施工人员参考，同时也能给大众读者提供借鉴。

责任编辑：杨　杰
责任校对：李美娜

住宅装饰装修技术指南

曹义龙　孙培都　主编

*

中国建筑工业出版社出版、发行（北京海淀三里河路9号）
各地新华书店、建筑书店经销
北京光大印艺文化发展有限公司制版
建工社（河北）印刷有限公司印刷

*

开本：787毫米×1092毫米　1/16　印张：10¾　字数：208千字
2025年8月第一版　　2025年8月第一次印刷
定价：98.00元
ISBN 978-7-112-31425-6
（45445）

编委会

主　　编：曹义龙　孙培都

副 主 编：刘　阳　谷年亮　刘　稳　汪　昇　谷怡霖

参编委员：

蔡建敏　高培东　魏　博　朱　毅　罗伟龙　柴元胜　赵柯安

申　荣　王钊敏　徐　晶　杨佳宏　史伟纯　张广军　谢　峰

李　斌　陈春光　张晓平　陶宣春　陆　敏　王慧敏　李青华

洪春雨　夷　建　魏　萍　王晓波

主编单位：

江苏鲸匠装饰设计工程有限公司

苏州鲸匠装饰设计工程有限公司

副主编单位：

苏州茉嘉华美建材有限公司

日丰企业集团有限公司

苏州必久家居有限公司

苏州格锐智能家居股份有限公司

南京凯毅工贸有限公司

江苏碧展商贸有限公司

杭州颐峰木业有限公司

江苏富院智能家居有限公司

苏州市志合家居有限公司

四川具美家供应链管理有限公司

参加单位：

苏州奥帝斯美缝装饰服务有限公司

苏州捷阳门窗有限公司

德尔未来科技控股集团股份有限公司

无锡桔文沁装饰工程有限公司

无锡凯众材料有限公司

苏州百家利经贸有限公司

苏州盛皇泰复家居有限公司

项城市盛通建筑劳务有限公司

无锡雅城装饰有限公司

苏州闳闳建材有限公司

苏州考拉建材科技有限公司

南京创一佳光电科技有限公司

前言

　　随着住宅装饰装修行业的发展、科技的进步、人员构成的变化、产业结构的调整以及社会分工的细化，工程建设新技术、新工艺、新材料不断应用于实际工程中，我国先后出版了一些住宅装饰材料、住宅装修设计、住宅施工技术等科技图书。目前，我国建筑装饰装修从业施工人员多达数百万，每年都有大批的新生力量不断加入住宅装饰装修行业。其中有素质、有技能的操作人员比例不高，为了全面提高技术工人的职业能力，完善自身知识结构，熟练掌握新技能，使之更加熟悉和掌握家装大全包施工安装操作技能，成为家装行业的迫切需求。

　　活跃在施工现场一线的技工，有干劲、有热情，但缺知识、缺技能，缺乏系统的家装科技工具书。为此，我公司结合在家装行业多年的住宅装修全案设计、施工工艺、产品安装的丰富经验，组织家装行业建材供应链的头部企业的编委一起，编写了这本住宅装修设计施工技术指南。

　　知识就是力量！无论科学如何发展，无论技术如何进步，无论经济如何增长，知识永远是这些变化产生的原动力之一！这本《住宅装饰装修技术指南》完全有可能成为提升全国家装行业工程质量、推动行业健康、持续发展的有力工具之一，是对全国住宅装饰装修行业的贡献！

编　者

2025 年 6 月

目录

住宅装修设计篇

1 住宅装修设计 ………………………………………… 2
    1.1 设计要点 ………………………………………… 2
    1.2 功能空间 ………………………………………… 3
    1.3 门厅（玄关）、餐厅 ………………………… 4
    1.4 起居室、卧室 ………………………………… 5

2 厨房与卫生间设计 …………………………………… 8
    2.1 厨房设计 ………………………………………… 8
    2.2 卫生间设计 …………………………………… 10

3 给水排水与电气工程设计 ………………………… 14
    3.1 给水设计 ……………………………………… 14
    3.2 排水设计 ……………………………………… 15
    3.3 电气设计 ……………………………………… 17

4 分项工程设计 ……………………………………… 21
    4.1 储藏空间 ……………………………………… 21
    4.2 空调与通风 …………………………………… 22
    4.3 智能适老化 …………………………………… 23
    4.4 隔声降噪 ……………………………………… 24
    4.5 室内色彩 ……………………………………… 25

5 设计项目案例 ……………………………………… 26
    5.1 轻奢设计案例 ………………………………… 26
    5.2 现代设计案例 ………………………………… 29

住宅装修工程篇

6 文明施工与拆除 ······················· 34

   6.1 成品保护规定 ······················ 34

   6.2 文明施工规定 ······················ 34

   6.3 施工安全规定 ······················ 35

   6.4 拆除施工要点 ······················ 36

   6.5 拆除施工质量要点 ·················· 36

7 施工前检查与临时用电安全 ············ 37

   7.1 施工交接检查 ······················ 37

   7.2 毛坯房原墙面基层检查 ·············· 37

   7.3 毛坯房原墙面基层的允许偏差和
       检验方法 ·························· 37

   7.4 毛坯房原水泥砂浆地面基层检查 ····· 38

   7.5 毛坯房原顶面基层检查 ·············· 38

   7.6 临时用电安全规定 ·················· 38

   7.7 装修主要施工环节 ·················· 39

   7.8 强弱电主要施工环节 ················ 40

8 轻体砖砌筑与轻钢龙骨隔墙及吊顶施工 ··· 43

   8.1 轻质砌体隔墙适用范围、施工准备 ···· 43

   8.2 轻体隔墙施工重点环节 ·············· 43

   8.3 轻质砌体隔墙施工要求 ·············· 44

   8.4 轻质砌体隔墙质量检查验收 ·········· 46

   8.5 轻质砌体隔墙外观质量检查 ·········· 47

   8.6 轻钢龙骨石膏板隔墙、吊顶适用范围、
       施工准备 ·························· 49

   8.7 龙骨安装施工 ······················ 49

   8.8 吊顶罩面板施工 ···················· 50

   8.9 吊顶龙骨安装质量要求 ·············· 51

   8.10 顶部造型灯槽施工 ················· 52

9 电气工程与给水排水施工 ························· 53

  9.1 电气工程适用范围及施工准备 ············· 53

  9.2 电工、业主、工长确定电路布线路径 ······· 53

  9.3 电气施工人员应按规定持证上岗 ············ 54

  9.4 住宅装修电气施工 ························· 55

  9.5 电气工程设备、管路、穿线检查验收 ········ 57

  9.6 给水排水厨卫走管布线及施工准备 ·········· 59

  9.7 给水管路改造施工 ························· 59

  9.8 排水管路改造施工 ························· 63

  9.9 给水排水管路改造质量检查验收 ············ 63

10 抹灰工程与防水工程施工 ····················· 65

  10.1 抹灰工程适用范围及施工准备 ············ 65

  10.2 抹灰施工工艺要点 ······················ 65

  10.3 抹灰前界面检查 ························· 66

  10.4 抹灰层施工质量检查 ···················· 67

  10.5 防水适用范围及施工准备 ················ 68

  10.6 防水施工工艺要点 ······················ 68

  10.7 防水施工作业面检查 ···················· 70

  10.8 防水层施工验收 ························· 70

11 瓦工与油工工程施工 ························· 72

  11.1 瓦工工程适用范围及施工准备 ············ 72

  11.2 墙面砖铺贴 ···························· 73

  11.3 墙饰面质量检查验收 ···················· 74

  11.4 地面砖铺贴 ···························· 75

  11.5 地面砖质量检查验收 ···················· 76

  11.6 批挂石膏、腻子适用范围及施工准备 ······· 79

  11.7 批挂施工工艺 ·························· 79

  11.8 面层腻子施工质量检查验收 ·············· 81

11.9　涂饰适用范围及施工准备 ⋯⋯⋯⋯⋯ 81

11.10　乳胶漆涂饰施工质量检查验收 ⋯⋯⋯ 83

12　安装厨卫集成吊顶 ⋯⋯⋯⋯⋯⋯⋯⋯⋯⋯⋯ 85

12.1　安装集成吊顶准备 ⋯⋯⋯⋯⋯⋯⋯⋯ 85

12.2　集成吊顶安装路线 ⋯⋯⋯⋯⋯⋯⋯⋯ 85

12.3　集成吊顶施工工艺 ⋯⋯⋯⋯⋯⋯⋯⋯ 85

12.4　质量验收 ⋯⋯⋯⋯⋯⋯⋯⋯⋯⋯⋯⋯ 87

13　安装橱柜 ⋯⋯⋯⋯⋯⋯⋯⋯⋯⋯⋯⋯⋯⋯⋯ 88

13.1　安装准备及配合条件 ⋯⋯⋯⋯⋯⋯⋯ 88

13.2　安装工艺路线 ⋯⋯⋯⋯⋯⋯⋯⋯⋯⋯ 88

13.3　厨柜柜体安装 ⋯⋯⋯⋯⋯⋯⋯⋯⋯⋯ 88

13.4　橱柜台面安装 ⋯⋯⋯⋯⋯⋯⋯⋯⋯⋯ 89

13.5　灶具、炊具安装 ⋯⋯⋯⋯⋯⋯⋯⋯⋯ 89

13.6　吸油烟机安装 ⋯⋯⋯⋯⋯⋯⋯⋯⋯⋯ 91

13.7　洗涤槽给水排水接口与给水排水管安装 ⋯ 93

13.8　橱柜安装质量验收 ⋯⋯⋯⋯⋯⋯⋯⋯ 94

14　安装室内门和地板 ⋯⋯⋯⋯⋯⋯⋯⋯⋯⋯⋯ 96

14.1　室内门安装准备及配合条件 ⋯⋯⋯⋯ 96

14.2　门框、门扇及五金安装工艺要点 ⋯⋯ 96

14.3　室内门安装质量验收 ⋯⋯⋯⋯⋯⋯⋯ 97

14.4　地板安装准备及配合条件 ⋯⋯⋯⋯⋯ 98

14.5　地板安装路线 ⋯⋯⋯⋯⋯⋯⋯⋯⋯⋯ 98

14.6　地板安装工艺要点 ⋯⋯⋯⋯⋯⋯⋯⋯ 98

14.7　地板安装质量验收 ⋯⋯⋯⋯⋯⋯⋯⋯ 99

15　安装卫浴产品与安装电源开关 ⋯⋯⋯⋯⋯⋯ 100

15.1　安装卫浴产品和工艺路线 ⋯⋯⋯⋯⋯ 100

15.2　安装卫生洁具工艺 ⋯⋯⋯⋯⋯⋯⋯⋯ 100

15.3　卫浴产品安装质量验收 ⋯⋯⋯⋯⋯⋯ 102

15.4　电源开关安装准备 ⋯⋯⋯⋯⋯⋯⋯⋯ 102

15.5　电源开关安装工艺 ⋯⋯⋯⋯⋯⋯⋯⋯ 102

15.6　电源开关安装验收 ⋯⋯⋯⋯⋯⋯⋯⋯ 103

住宅装修验收篇

16　测量与验收 ································ 106

17　测量与验收主要仪器和工具 ············ 107

18　工程质检节点举例 ···················· 110

19　测量、检查、验收方法 ··············· 112

　　19.1　立面垂直度、水平度 ··········· 112

　　19.2　测量地面接缝高低差 ··········· 112

　　19.3　卫生间地漏安装坡度测试 ······· 113

住宅装饰工程交付手册 ···················· 114

住宅装修
设计篇

住宅装修设计

1.1 设计要点

1.1.1 装修工程应进行设计，并出具完整的施工图纸等设计文件。

1.1.2 装修设计应在建筑专业主导下，在设计的各个阶段与各专业同步进行，一体化设计，协同完成。

1.1.3 装修设计应贯穿和协调住宅装修设计全流程，强调装修设计应从方案设计阶段介入，与住宅设计各专业充分协调与综合，贯彻家装一体化的设计理念。目前，住宅装饰风格流行趋势仍然以现代风格（图 1-1）和新中式风格（图 1-2）为主。

图 1-1　现代风格　　　　　　　　图 1-2　新中式风格

1.1.4 装修设计应遵循标准化、集成化、通用化的设计原则，宜采用装配式集成吊顶、集成橱柜、装配式淋浴房等装修安装技术。

1.1.5 为适应住宅装修工业化生产的需要，满足部品制造工厂化、施工安装装配化的要求，通过推广厨房部品、卫生间部品等集成化家装部品的应用，旨在大幅减少现场施工作业，降低建材垃圾生成、降低施工噪声，显著提升施工效率与整体家装部品质量，从而实现高精度、高效率和高品质的施工安装目标。

1.1.6 装修设计宜采用大开间、大空间轻体墙结构和管线分离技术，并应预留必要的接口，以满足未来十五年以上，住宅品质升级与功能扩展的装修需求，便于二次改造且不损承重结构。同时，应前瞻性地预留电气、网络、给水排水及多媒体等接口，以适应住宅品质居住发展趋势，兼顾现用与未来升级技术改造。

1.1.7 大全包装修设计应采用符合新技术方向的新技术、新材料、新工艺、新设备和新部品，设计阶段应考虑进行材料污染物控制问题，减少施工过程中的环境污染，同时可以缩短工期。鼓励采用环保节能且性能稳定的建筑材料。

1.2 功能空间

1.2.1 功能空间设计应贯穿住宅设计理念，并"因地制宜"地合理设计空间和墙面、顶面、地面、门窗等的室内界面，并在装修的材料、色彩、形式等方面保持与住宅设计思路的一致性。

1.2.2 功能空间设计的基本使用要求，应根据业主的个性化思路、户型结构、使用需求和装修风格，合理布置隔断和家具，配置设备和设施，并应考虑一定的灵活可变性。近年来，功能设计多采用轻奢风格（图1-3）、简约明快风格（图1-4）。它是一种介于奢华与简约之间的设计理念，强调在不过度张扬的前提下，通过精致的材质和细节处理，营造出低调而优雅的生活空间。是目前大多数普通年轻业主的选择。

图 1-3　轻奢风格　　　　　　　　　　图 1-4　简约明快风格

1.2.3 功能空间的家具布置应根据功能需求、平面形状及空间尺寸等因素综合确定；家具风格需与室内装修风格协调统一；家具尺寸应满足使用要求。

1.2.4 功能空间设计应准确对各类住宅设备、设施及电器准确定位及安装，对容

易产生安装和吊挂需求的相应产品的安装部位做好相应的预留、预埋或加固措施。同时，在合理的位置预留开关、电源插座等机电点位。

1.2.5 功能设计应进行管线综合设计，并与结构构件的布置协调。各类室内设备、设施以及机电末端与设计各专业（如结构、暖通、给水排水、强弱电等）的相互衔接配合较多。功能设计应对各类设备、管线、开关、电源插座进行综合设计及协调，明确室内净高，在不影响各类管线及通风、机电末端排布的情况下及时调整结构的布置和结构开洞等。设计中如果考虑得不够细致和周全，会对安装、维修和更替等阶段的工作带来麻烦，导致拆改和剔凿墙体的现象出现，应避免带来的结构性损坏。

1.2.6 功能设计应设置洗衣机位置，并配有给水排水设施，且楼（地）面应设防水措施。常规洗衣机一般设置在卫生间、阳台等区域，这些区域应设有洗衣机给水排水设施和楼（地）面防水措施，当设置在其他区域时也应满足上述要求。

1.3 门厅（玄关）、餐厅

1.3.1 入口处的门厅应设置或预留玄关柜等储藏空间。因门厅作为进入套内的停留、过渡的空间，具有展示性、实用性、引导过渡性三大特点，在现代生活中起到越来越重要的作用，应优先考虑设置。另外，玄关柜应具备鞋、衣物、包、雨具等基本物品储藏的条件，柜体也可设置便于物品取放的平台或抽屉，还可以结合玄关柜设置换鞋凳、扶手等设施。

1.3.2 玄关门厅净宽不宜设计小于1.20m，净高不宜低于2.40m。门厅是搬运大型家具和装饰装修材料的必经之路，既要考虑到大型家具、装饰装修材料的尺寸，又要考虑搬运家具、材料拐弯时需要的尺寸，所以规定装饰装修后前厅净高、净宽不宜过小。

1.3.3 配电箱、信息配线箱宜临近入户门，设置配电箱、信息配线箱时应与开关面板等整体设计。由于开关面板、配电箱、信息配线箱等机电设施末端一般优先设置在门厅，当玄关柜作为固定式家具与装修设计整体考虑时，应与其协调，避免干扰。

1.3.4 极简设计餐厅布置（图1-5）应有餐桌、餐椅等基本家具，并根据功能需求合理设置餐桌尺寸和餐椅数量，家具和设施布置后应形成稳定的就餐空间，并宜留有通往厨房和其他空间的通道。在设计过程中应对基本家具进行布置，并基于家具的具体布局。

图 1-5　极简设计餐厅布置

1.3.5　餐厅设计应根据套内居住人数预判餐厅用餐人数，根据用餐人数合理布置餐桌尺寸和餐椅数量，并满足人体工程学设计要求。试验表明，成年人正面通行平均需要 520mm 的宽度，而持有小件物体无论正面通行或侧身通行都需要 900mm 以上的宽度。餐厅布置后应形成稳定的就餐空间，并保证至少一侧有净宽不小于 900mm 的通往厨房和其他空间的通道。

1.4　起居室、卧室

1.4.1　起居室设计应布置座椅、茶几等基本家具，家具布置宜突出家庭活动中心的功能。在设计过程中应对基本家具进行布置，并基于家具的具体布局，合理地设置相应的机电点位。随着社会发展，起居室逐步卸下单纯待客显身的主题重任，而回归到家庭生活自身的功能表述上。于是在布局上，要跳出以接待客人为主的窠臼，更多地突出其作为家庭活动中心的功能，来反映家庭生活起居的真实风貌。

1.4.2　起居室的顶面不宜全部采用装饰性吊顶，局部净高不应低于 2.30m，且局部净高对应的室内面积不宜大于室内总使用面积的 1/5，利用坡屋顶内空间作起居室（厅）时，应至少有 3/4 的使用面积的室内净高不宜低于 2.20m。

1.4.3　起居室空间应完整，起居室布置家具的墙面直线长度不宜小于 3.00m。在起居室设计中，需避免过多房门直接开向此空间，并防止活动流线对角线穿过，以维护起居室的完整性和连续性，确保空间的秩序与高效利用。

1.4.4 起居室设计应结合基本家具尺寸和布置，按方便使用的原则，对电视、网络、电源插座、温控面板、开关面板等进行定位。

1.4.5 起居室设计应安装空调设施或预留空调设施安装条件，空调设施送风口不宜正对人员长时间停留的地方。空调设施往往由于住户自行购买和安装，容易产生位置不合理，随意的墙体开洞也影响结构安全。装修设计应予以足够的考虑。空调设施送风口方向不合理容易造成室内局部冷、热风速过大，室内冷热不均等问题，对人体健康的影响较大，应在设计中予以足够的重视。

1.4.6 卧室设计布置（图1-6）应有床（双人床或单人床）、床头柜、衣柜等基本家具，书桌、椅子等家具可根据功能需求合理布置。在设计过程中应对基本家具进行布置，并基于家具的具体布局，合理地设置相应的机电点位。卧室在满足基本功能的基础上，还可兼有储藏收纳、学习等功能，但，设计摆放家具物品不宜安排过满。

图1-6 卧室设计布置

1.4.7 卧室家具和设施布置后主要通道净宽不宜小于600mm。在实际生活中600mm的通道宽度可满足人持小件物品正面通过。

1.4.8 未设置独立书房的户型，至少一间卧室应预留宽度不小于1.00m的书桌空间，且应设有便于书桌使用的插座；插座底部距地宜为800mm。为满足小户型住所的居家办公需求，书房的设置应重点考虑书房办公的机电功能需求，插座的数量要满足功能需要。

1.4.9 卧室设计应结合基本家具尺寸和布置，按方便使用的原则，对各类机电末端网络、插座、开关面板等进行定位。卧室宜采用照明双控开关，并分别设置于卧室床头与卧室入口。卧室宜设置感应夜灯或预留电源插座，可满足住户卧床时关闭灯具的便捷性需求。

    1.4.10 住宅设计中起居室、卧室及门厅、餐厅，应设计安装窗帘盒、窗帘杆或预留窗帘盒、窗帘的安装位置。窗帘的设置可以起到遮阳、保护隐私的作用，安装窗帘盒、窗帘杆或预留安装位置，避免住户入住后产生窗帘盒或窗帘杆无法安装或安装困难的情况。卧室、起居室往往需要能遮光且厚重的窗帘，需在窗附近顶面安装或预留窗帘盒或窗帘杆的位置。可在卫生间窗洞内侧安装百叶或采用磨砂玻璃外窗。

厨房与卫生间设计

2.1 厨房设计

2.1.1 厨房应具备炊事活动的功能。出于消防及安全的要求，为尽量减少室内燃气管道长度以降低燃气泄漏风险，以及避免泄漏的燃气及炊事的油烟气味串入卧室、起居室等其他区域，且便于泄漏的燃气飘散出室外，使用燃气的厨房应设计为有直通室外的门或窗且自然通风良好的可封闭空间。随着居民生活水平的提高，在使用燃气厨房之外，住宅设计中出现了很多西式厨房，其主要采用电气灶具，不用燃气，油烟气味也较少，则可设计为半开敞式。

2.1.2 厨房整体设计布置（图 2-1），应根据家具设计以及橱柜布置（图 2-2）按操作顺序合理安排储藏、洗、切、烹调等设施。应对各类厨房电器、洗涤池、燃气具、燃气表、排油烟机等设置与之对应的水、电、燃气接口。各类器具、管线进行整体设计，避免设备设施难以使用、管线间或管线与家具相干扰，甚至在安装过程中无法操作等问题。

图 2-1 厨房整体设计布置   图 2-2 橱柜布置

2.1.3 厨房宜做集成吊顶，室内净高不宜过低。保证集成吊顶内可正常布置上电管、下给水管。吊顶应结合设备检修需要，在适宜的位置设置检修口。根据厨房的操作特点，厨房吊顶需要同时满足防水、耐热等性能要求，同时具备遮蔽管线的功能。厨房吊顶宜采用装配集成吊顶，防水石膏板吊顶慎用。

2.1.4 厨房设计应与燃气专项设计协同，并将燃气专项设计对燃气表、燃气管线的布置情况反映到厨房设计中，促使燃气立管、燃气表等的排布位置在保证安全，满足消防要求的前提下更为合理。燃气专项设计往往不考虑装修设计，但，燃气立管、燃气表的位置很容易影响厨房空间的排布以及各类设备、设施、电器等的设置，为了厨房能够实现整体设计，燃气立管、燃气表的位置应经燃气设计单位确认方可编制施工图交付施工，以减少燃气专项设计对厨房整体设计的影响。

2.1.5 厨房楼（地）面应设置防水层。操作台相邻墙面的防水层高度距地不应小于 1.4m；操作台临墙的两侧墙面设防宽度距操作台边不宜小于 500mm。

2.1.6 厨房放置灶具、洗涤池的橱柜或操作台深度，常规不宜小于 550mm，操作台面高度宜为 770 ~ 880mm，以使用房屋的业主家庭主人的身高为参考依据。操作台面前的过道净宽不应小于 900mm，操作台净外边长不宜小于 2.40m。燃气灶旁应留有盛菜空间，宽度不应小于 300mm，洗涤池旁应留有沥水空间，宽度不应小于 300mm。必要时，大全包装修主案设计师与橱柜设计师协助联合设计为宜。

2.1.7 厨房橱柜操作台面深度是指可使用的实际深度，不包括操作台后面墙体的装修完成面厚度。操作台面易有水等液体滴落，会导致橱柜门板变形、潮湿、污染橱柜门等问题，故操作台口宜采用防滴水的设计，如可采用台口凸起的形式等。

2.1.8 橱柜台面贴墙应采取后挡水处理，洗涤池应有防溢水功能，水槽下方的柜内板宜采取防潮措施。

2.1.9 厨房吊柜的安装位置不应影响自然通风和采光，厨房吊柜长度应根据实际所在墙的面积大小确定，深度不应小于 300mm。常规吊柜底面至装修地面的距离不宜小于 1.40m，且操作台与吊柜之间的高度不应小于 600mm。厨房排油烟机横管宜在吊柜上部或吊顶内部排布，不宜穿越吊柜。

2.1.10 橱柜、吊柜设计布置（图 2-3）应有分类存储分隔，或隔板灵活可调节；可设置吊柜内下拉式储物架、橱柜转角储物架等便利的操作装置；吊柜安装需注意油烟机、吊柜等防撞安全措施；排油烟机排烟管贯穿吊柜的做法将导致吊柜内部储藏空间无法使用，造成了空间和材料的浪费，应尽量避免浪费空间的失误发生。

2.1.11 厨房燃气灶设计布置（图 2-4）不应正对窗口，燃气灶到窗边的距离不宜少于 400mm。当厨房设置冰箱位置时，冰箱与灶具水平净距不宜小于 400mm。

图 2-3 橱柜、吊柜设计布置　　　　　图 2-4 厨房燃气灶设计布置

2.1.12 厨房功能设计应采取易于检修维护的措施。水表、燃气表设置应便于查表；阀门、排水管、分水器、油烟管单向阀等，需维修操作时应预留检修口及检修空间。

2.2 卫生间设计

2.2.1 大全包装修设计卫生间应具备盥洗、便溺、洗浴等基本功能。空间条件允许时，宜设计必要的墙面置物五金架和浴室柜的位置。

2.2.2 卫生间宜设集成吊顶。室内净高不应低于 2.20m。吊顶内的管道布置应结合设备检修需要，在适宜的位置，以便于打开集成吊顶的单块顶板。卫生间为用水空间，吊顶宜选用防水、易清洁的材料。

2.2.3 当有 2 个及以上卧室的户型仅设 1 间卫生间时，应设置分离式卫生间。卫生间面积条件允许时，盥洗、便溺和洗浴三项功能宜适当分离设置，这种做法在易于保持卫生整洁的同时，还能实现不同功能的同时使用，提高卫生间的使用效率。

2.2.4 面积较大的卫生间应预留物品搁置的空间。可根据功能需求选择下列方式；
（1）结合墙面设置的壁龛。
（2）分类搁置物品的成品搁板、搁架等。
（3）标准化生产的成品浴室柜、镜柜等。

2.2.5 卫生间必须设计防水地面（图 2-5），顶棚应设置防潮层，有蒸汽的房间、浴室墙面防水高度应从地面至上层楼板底或吊顶以上 50mm。当卫生间设置防水底盘时，宜采用整块完整底盘。卫生间地面设计应按不小于 1% 的坡度向地漏找坡。

图 2-5　卫生间防水地面

2.2.6　大面积卫生间宜设计带有多功能底柜的洗面台，洗面台的宽度不应小于800mm，洗面台的底柜宜架空设置，柜身底部距地不应小于300mm，柜门宜做隐形把手，洗面台排水宜采用墙排。采用架空式带有底柜的洗面台可以有效防止潮气侵蚀柜体，同时采用墙排的洗面台底柜下部空间完整、利用率高且容易清洁。普通浴室柜应优选成品系列中的某款，便于快捷生产及安装。

2.2.7　坐便器前应有宽度不小于600mm的活动空间，侧墙面或设备设施侧面至坐便器中心的距离不应小于400mm。该尺寸根据模拟实验中人在使用坐便器时需要与侧墙面或设备设施侧面保持的最小距离确定。通常，身材高大型人在坐便、站立小便时需要的面宽尺寸在800mm以下，因此，便器中心距离左右两侧不宜小于400mm。当坐便器前的活动距离小时，会使人如厕后起身感到压抑。坐便器不宜正对卫生间的门。

2.2.8　卫生间淋浴间设计布置（图2-6）应符合下列设计要求：

（1）淋浴间隔断高度不宜低于2.00m且不宜到顶；淋浴间的隔断高度如小于2.00m，淋浴喷头的水花容易溅出淋浴间外。淋浴间隔断不到顶可增强通风，避免缺氧和细菌滋生。

（2）淋浴间门宽不应小于600mm；门宽来源于模拟实验中偏高大型人进入需要的尺寸。淋浴间门内开因不便于老人、孩童的进出以及安全施救，从而应选外开或推拉方式。

（3）淋浴区宽度和深度的净尺寸不应小于900mm；淋浴间的活动空间尺寸根据模

拟实验中偏高大型人在淋浴间内活动时所需要的尺寸确定，这个尺寸与目前市场上销售的小型成品淋浴间的尺寸基本一致。

（4）淋浴间内宜设置排水沟或排水槽，当采用地漏排水时，地漏应比相邻地面或挡水顶面低 15～20mm，通向地漏的找坡坡度不应小于 1.5%～2.5%。

图 2-6　卫生间淋浴间设计布置

2.2.9 卫生间设置浴缸应符合下列设计要求：

（1）浴缸安装后，上边缘至装修地面的距离宜为 460～590mm；它是根据实态调研和人体工学知识的测算结果。浴缸上边缘距地面低于 460mm 或高于 590mm 都会使多数成年人进出浴缸时的跨入、弯腰等动作不舒适。

（2）为防止洗浴时滑倒、跌倒，浴缸的靠墙一侧宜安装方便抓握的安全抓杆，这是一种先进的、安全舒适的设施。

（3）只设浴缸不设淋浴间的卫生间，宜增设带延长软管的手持式淋浴花洒。设带延长软管的手持式淋浴花洒可方便全方位冲洗人体且不将水溅到浴缸外。

2.2.10 每套住宅内均需设置卫生间，普通住宅宜设一个或两个卫生间。每套住宅不同洁具组合的卫生间使用面积各不相同，卫生间不宜小于 3 平方米；需要指出的是，卫生间应布置在本套内，常规应浴厕分开，并均应有防水、隔声和便于检修的措施。

2.2.11 卫生间内除了必要的卫生洁具外，摆放洗漱用品、化妆品的化妆台、梳妆镜都是不可缺少的。兼具更衣、化妆用的卫生间还应设置存放衣物的橱柜。对于放有洗衣机在内的卫生间，最好设置相应的杂储柜。面积足够大的卫生间，从其舒适性角度考虑还可放置座椅等。

2.2.12　卫生间是用水最多的地方，空气中难免湿度较大，因此，在设计中通风是需要着重考虑的问题。最好设置通风窗，若没有条件则应在室内设置排风扇。装饰材料和设备的选择也应注意防潮、防霉、实用。

2.2.13　住宅卫生间设计布置（图2-7）安装的用于盥洗、清洁及物品放置等功能的五金配件，在材料选用、工艺水平、承载力、防腐蚀性与装配质量等方面，以及给水排水配件的抗水压机械性能、密封性能、流量要求、使用寿命等相关性能指标，应满足《住宅卫浴五金配件通用技术要求》JG/T 427-2014的规定。建议选择大品牌、信誉好、售后服务好的产品。

图2-7　住宅卫生间设计布置

2.2.14　对卫生间卫浴五金配件的材料选择、工艺水平、使用寿命、承载力等方面提出要求，是比较重要的设计配置性能。旨在预防因材料低劣、工艺粗糙、耐用性差、承载力不足等问题导致的安全隐患、功能失效或维护困难等情况，从而切实保障用户权益，并进一步提升住宅卫浴空间的整体品质。

2.2.15　卫浴五金配件具体包括卫浴挂件、给水配件、排水配件、淋浴房配件及卫浴附件。其中，卫浴挂件分为毛巾架、浴巾架、化妆架、衣钩、杯架、厕纸架、马桶刷架、皂液器、置物架等；给水配件分为水嘴、直角阀、淋浴龙头（花洒）等；排水配件分为地漏、卫生洁具排水组件等；淋浴房配件分为淋浴房型材、导轨、滑轮、拉手、固定夹、浴室支撑杆、铰链等；卫浴附件则包括浴室扶手、浴帘杆、晾衣器等。

3 给水排水与电气工程设计

3.1 给水设计

3.1.1 家装大全包设计应设置热水供应设施或预留安装热水供应设施的条件。住宅生活热水的使用已经普及。住宅应配置热水供应设施，以满足居住者基本的使用需求，避免住户需重新安装加热设备及热水管线，造成重复装修及浪费。当不设置热水供应设施时，也需要预留安装热水供应设施的条件，如预留安装热水器的位置、管道及接口、电源插座等。住宅热水供应设施一般含电热水器、燃气热水器等。

3.1.2 给水管道敷设应符合下列要求：

（1）套内给水管道可敷设在吊顶、楼（地）面的垫层内或沿墙敷设在管槽内；装修要求较高的吊顶内的给水管道以及必须穿越卧室、储藏室和壁橱的给水管道，应采取防结露保温措施。

（2）给水管不得与水加热器或热水炉直接连接，应有长度不小于400mm的金属管过渡。

（3）橱柜设计给水立管布置（图3-1）距灶台边缘不小于400mm、距燃气热水器不小于200mm时，可基本到达隔热、散热的效果。

图 3-1 橱柜设计给水立管布置

3.1.3　给水管道结露会影响环境，引起装饰、物品等受损害，装修要求较高的吊顶内的给水管道应做保温层以防止结露；卧室、储藏室和壁橱应避免给水管道穿越，当无法避免必须穿越时应采取该措施以防止产生结露而损坏装饰、物品。金属管道、塑料管道均需做保温层。

3.1.4　塑料给水管使用水温一般不超过 65℃，如与高于 65℃的热水直接连接会很快老化损坏，因此塑料给水管与水加热器或热水炉连接时需要加接一段金属管过渡，灶台或燃气热水器周边温度较高，塑料管道容易受热变形老化，导致使用不便和损坏，故在设计中应采取隔热、散热的措施。

3.2　排水设计

3.2.1　厨房的排水管道敷设，废水不得与卫生间的污水合用一根立管，排水立管宜靠近厨房洗涤池、卫生间便器设置，厨房的生活废水和卫生间的生活污水分别排放，可以防止卫生间的生活污水窜入厨房废水管道或从厨房洗涤盆中溢出，对住户卫生健康造成影响。厨房、卫生间用水器具排水点距排水立管的水平距离过长，容易出现排水不畅、支管堵塞，不易疏通等问题，排水立管的设置应该统筹考虑厨房和卫生间器具的布置。卫生器具至排水主管的距离应最短，管道转弯应最少，以保证排水通畅。

3.2.2　卫生间设计布置（图 3-2）不宜将排水管设置在靠近与卧室相邻的内墙；当必须靠近与卧室相邻的内墙时，应采用低噪声管材，以避免噪声对卧室的影响，普通塑料排水管噪声较大，应采用柔性接口机制的铸铁排水管、双壁芯层发泡塑料排水管，当不能满足要求时应增设其他降噪措施。

图 3-2　卫生间设计布置

3.2.3 住宅套内排水管、通气管不得穿越起居室、餐厅、卧室、排气道、风道、壁柜和储藏间，不应在厨房操作台上部敷设，是为了避免排水管泄漏造成对环境的污染和避开排水管排水时产生的排水噪声。

3.2.4 塑料排水管应避免布置在热源附近；当不能避免，并导致管道表面受热温度大于60℃时，应采取隔热措施；明设塑料排水立管与家用灶具边净距不得小于400mm。生活排水塑料管使用最多的是硬聚乙烯（PVC-U）管，其不具备耐热性能，最好的隔热措施是暗敷，其次是采用隔热材料包裹。

3.2.5 地漏不宜设置在门口附近，并不应被家具、设备等遮挡，应考虑排水通畅，汇水方便，易于清洁，不受室内家具等设施干扰。

3.2.6 根据用途、位置、功能等特点，市面上有各种款式的地漏产品（图3-3）。在干湿分离的卫生间的干区设置地漏时，容易出现因地漏长时间未使用导致地漏存水弯水干涸现象，该现象导致地漏隔气功能失效，污水管道内的污浊气体串至卫生间，对住户卫生健康造成影响，因此要求干区的地漏应采用密闭地漏或防干涸地漏。

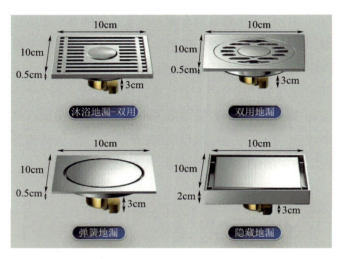

图3-3 各种款式的地漏产品

3.2.7 厨房的地面很少形成积水，平时少量的溅水用抹布擦拭即可保持洁净，因此厨房可不设置地漏，当厨房设置地漏时，应采用密闭地漏或防干涸地漏。

3.2.8 洗衣机排水应采用防止返溢和防干涸的专用地漏，避免返溢和返臭问题。

3.2.9 地漏的水封装置深度不得小于50mm，严禁采用活动机械活瓣替代水封，严禁采用钟式结构地漏。目前，住宅装修排水项目中，采用的地漏结构及配件如图3-4所示。当地漏构造内自带水封时，不应重复设置存水弯。地漏的水封须保证一定深度，避免水分蒸发损失。

图 3-4　地漏结构及配件

3.2.10　住宅套内厨房洗涤池、卫生间洗面盆、阳台洗手盆、拖布池等排水应设置存水弯，且不应采用软管连接。存水弯能够有效地防止返臭，软管使用寿命较短，容易发生渗漏，不宜长期使用。

3.2.11　住宅内需要排水的空调设备处应设置排水设施。住宅装修设计中一并考虑做好与室内空调排水设备的衔接，避免考虑不周对安装、使用等带来麻烦和不便。

3.2.12　套内龙头、坐便器、淋浴器等生活用水器具，用水效率不应低于现行国家有关卫生器具用水效率等级标准规定的 3 级标准。

3.2.13　当住宅采用中水冲洗便器时，中水管道和预留接口应设明显标识；设置中水系统的坐便器，应为智能坐便器预留洁身器的自来水给水接口，严禁智能坐便器与中水管连接。随着人们节水意识的提高，部分住宅套内采用了中水回用系统。

3.3　电气设计

3.3.1　住宅配电箱、信息配线箱应安装在户内，宜临近入户门设置，配电箱箱底距地高度不应低于 1.60m，信息配线箱箱底距地高度宜为 400 ～ 500mm。配电箱不宜与信息配线箱上下垂直安装在一个墙面上，配电箱、信息配线箱嵌墙安装时，对应的墙体厚度不应小于 240mm。

3.3.2　住宅电气工程采用配电箱不应设置在电梯井壁及卫生间墙上，不宜设置在

分户隔墙上，电梯运行产生的振动会影响配电箱内的断路器，使之产生误动作，卫生间湿区墙体等部位设置配电箱难以保证箱体的防水绝缘，配电箱安装在分户隔墙上会影响邻居的生活，且无法保证户间墙体隔声，无法避免时应增加隔声处理。

3.3.3　住宅配电箱回路设计如图 3-5 所示，控制断路器外观如图 3-6 所示。一般电源插座与照明应分路设计，厨房插座应设置独立回路，卫生间插座宜设置独立回路。除壁挂式分体空调电源插座外，电源插座回路应设置剩余电流保护装置。

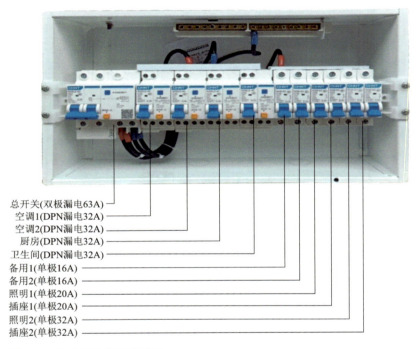

总开关(双极漏电63A)
空调1(DPN漏电32A)
空调2(DPN漏电32A)
厨房(DPN漏电32A)
卫生间(DPN漏电32A)
备用1(单极16A)
备用2(单极16A)
照明1(单极20A)
插座1(单极20A)
照明2(单极32A)
插座2(单极32A)

图 3-5　住宅配电箱回路设计

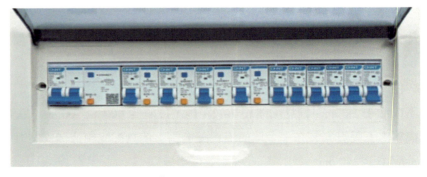

图 3-6　住宅配电箱控制断路器外观

3.3.4　家装套内电源插座安装位置、数量应结合室内墙面装修设计及家具布置设置，宜符合表 3–1 所示的基本配置要求。卫生间内插座安装高度不应低于表 3–1 中要求高度，其他房间插座安装高度可参照表 3–1 中的高度，也可根据用电设备、家具调整安装高度。坐便器附近宜预留一个低位电源插座，厨房洗涤池下方宜预留两个低位电源插座，每个可分居住空间门口宜设置电源插座。

住宅套内电源插座基本配置　　　　　　　　　表 3–1

功能区域		安装高度（插座边距地）	高档配置	常规配置
玄关	鞋柜	鞋柜面上方 15cm	五孔插座 2 个	五孔插座 1 个
客厅	电视墙	距地 60cm	带开关四孔插座 3 个	带开关四孔插座 3 个
			带开关五孔插座 3 个	带开关五孔插座 2 个
	沙发墙	距地 30cm	五孔插座两侧各 1 个	五孔插座两侧各 1 个
	沙发墙（沙发靠墙）		五孔插座 1 个	五孔插座 1 个
	床头	距地 60cm	五孔插座 2 个	五孔插座 2 个
	床头靠墙摆	距地 30cm	五孔插座 1 个	五孔插座 1 个
	床尾	距地 30cm	五孔插座 1 个	五孔插座 1 个
书房	书桌	距地 1m 或距地 30cm	五孔插座 4 个	五孔插座 2 ~ 3 个
厨房	操作台上（电饭煲、咖啡机等临时厨电）	距地 1.1 ~ 1.5m（或根据具体情况配合橱柜公司设计）	带开关五孔插座 3 个	带开关的五孔插座 2 个
	操作台下（电烤箱）	根据具体情况配合橱柜公司设计	五孔插座 3 个	五孔插座 2 个
	洗菜盆下净水器、软水器、小厨宝	根据具体情况配合橱柜公司设计	五孔插座 3 个	五孔插座 2 个
	抽油烟机、排气扇	距地 1.8m	五孔插座 2 个	五孔插座 2 个
	电冰箱	距地 30 ~ 50cm	带开关五孔插座 1 个	五孔插座 1 个
餐厅	餐桌临时办公电脑使用	餐桌上 15cm 或距地 30cm	五孔插座 2 个	五孔插座 1 个
卫生间	马桶旁	根据需要	IP54 型五孔插座 1 个	—
	洗漱盆	距地 1.2m	五孔插座 2 个	五孔插座 1 个
	洗衣机	距地 1.1 ~ 1.5m	五孔插座 1 个	五孔插座 1 个
	电热水器	严禁安装在浴室的 0、1、2 区	带开关的 IP54 五孔插座 1 个	带开关的 IP54 五孔插座 1 个
	阳台	距地 1.2m	IP54 五孔插座 1 个	IP54 五孔插座 1 个

注：在住宅装修电气工程改造中，凡是有可能接触的溅水、淋水区域安装插座，应选用防水 IP54 型（图 3–7）五孔插座。

图 3-7　防水 IP54 型五孔插座

3.3.5　住宅设有洗浴设备的卫生间，电气设计的安全防护应满足以下要求：

（1）应设局部等电位联结，且装修不得覆盖局部等电位联结端子箱。

（2）在 0、1 及 2 区内宜选用加强绝缘的铜芯电线或电缆。

（3）在 0、1 及 2 区内，非本区的配电线路不得通过；也不得在该区内装设接线盒。

（4）设有洗浴设备的卫生间，灯、浴霸开关宜设置在卫生间外，如必须设置在卫生间内时，应设在 0、1、2 区外，开关、插座距淋浴间门口的水平距离不得小于 600mm。

（5）卫生间的洗浴区上方灯具应选用防潮防水型灯具。

目前，住宅装修设计中比较容易忽视这些安全措施，故在此强调细化卫生间的电气安全设计要求。

分项工程设计

4.1 储藏空间

4.1.1 家装大全包套内宜设置储藏空间，净高不宜低于 2.00m。套内储藏空间有壁柜、吊柜、活动柜和独立小间等形式。

4.1.2 固定式储藏空间设计布置（图 4-1）应结合建筑墙体、顶面等部位整体进行，储藏空间内的壁柜净深不宜小于 450mm。储藏空间与墙体、顶面等结合设置和内部隔层采用活动隔板，是保证装修整体性的有效设计手段，是提高家庭储藏空间利用效率的有效方法。储藏空间采用标准化、装配式的产品更能突出产业化的优势。

图 4-1 固定式储藏空间设计布置

4.1.3 套内进入式储藏空间宜靠外墙设置，并应考虑自然采光、通风和除湿；无自然通风的应设机械排风设施。由于目前的装修设计中，经常出现进入式储藏空间临近卫生间设置的情况，导致储藏空间易于潮湿，同时进入式储藏空间会因樟脑等防虫蛀药剂的使用造成空气污染，因此，需考虑通风和除湿要求。进入式储藏空间有时还要兼具化妆功能，自然的采光能更好地还原色彩。

4.1.4　当住宅居室里有封闭无窗的储藏小面积空间时，在储藏空间制作收纳柜，应考虑空气质量问题，宜采用金属材料柜门及塑木轻型柜体。

4.2　空调与通风

4.2.1　住宅套内的居住空间应安装空调设施或预留空调设施安装条件，避免住户重新敲打和安装。分体式空调器（多联机）的室内机，均有能够实现分室温控的功能。

4.2.2　室外机的安装应采取与主体结构连接牢固的构造措施，室外机的安放位置应方便室外机安装、检修、维护保养。建议按照建筑设计统一安排室外位置安放。室外机安放搁板构造应保证牢固，检修、维护保养时便利。避免高空作业发生意外事故。

4.2.3　住宅空调室内机风口设计（图4-2）应合理，不宜直接朝向人体（图4-3）。空调室内外机进出风口的位置及遮挡性装饰应设置合理，不应出现由于阻力过大导致风量不足的情况，保证室内机的风压足够克服这些阻力，使得室内机送出足够的冷（热）量，达到空调效果；对于室外机进出风口的遮挡设置还应不影响其散热。

图4-2　空调室内机风口设计　　　　图4-3　空调室内机风口不宜直接朝向人体

4.2.4　厨房、卫生间应设计机械通风，并应有防止公共排油烟（气）道的烟气倒灌、串气和串味的措施。厨房排油烟系统由吸油烟机、排气道、止回阀和屋顶风帽等部分组成。根据到目前为止对大量厨房排气系统的实际市场产品的了解，建议购买大品牌产品为宜。卫生间排风设备根据风量进行选择，同时与集成吊顶一并考虑为宜。

4.3 智能适老化

4.3.1 套内宜设置智能家居系统。当设置智能家居系统时，应符合下列要求：

（1）智能家居系统宜采用系统化整体设计。

（2）室内智能化设备数据通信宜采用有线网络。

（3）智能家居系统宜设置智能主机及集成面板，支持全屋智能设备的连接管理和统一控制。

（4）智能家居系统应设置具备多种交互方式的智能设备。

（5）智能家居系统应具备可扩展性及兼容性。

4.3.2 住宅老人卧室应符合下列要求：

（1）宜设计独立卫生间或靠近卫生间。

（2）墙面阳角应做成圆角、钝角或设置护角。

（3）应留有轮椅回转空间，主要通道的净宽不应小于 1.05m，床边留有护理、急救操作空间，相邻床位的长边间距不应小于 800mm。

（4）设置智能家居系统时，老人房宜采用机械控制方式对窗帘、灯具进行开关。

4.3.3 为避免老年人在套内发生从屋内无法开门的情况，有老人居住住宅的卧室门和卫生间门宜采用内外均可开启的锁具，不应设置旋转门、弹簧门及玻璃门，因这些类型的门可能会对老人的安全构成潜在威胁，增加碰撞和摔倒的风险。

4.3.4 有老人居住住宅的卫生间门宜采用推拉或向外开启的方式，淋浴间门应外开或推拉。要求卫生间门和淋浴间门采用推拉或向外开启方式是为了确保使用人员在卫生间内意外跌倒或由于身体原因晕厥时，救助人员可及时打开卫生间门进行安全施救。

4.3.5 套内门厅墙面宜设置或预留安装坐凳的接口及条件。门厅坐凳应便于老年人使用，可采用活动座椅或嵌墙安装的折叠式坐凳，当采用嵌墙安装的折叠式坐凳时，可不实际安装，但应做好墙面加固和相应连接接口的预留和预埋等。

4.3.6 卫生间应设计坐便器助力扶手及淋浴座椅（图 4-4），或宜预留设置坐便器助力扶手（图 4-5）的安装条件，淋浴区旁宜预留淋浴椅的安装条件。随着我国人口老龄化问题日益严重，卫生间内淋浴区和坐便器附近墙面安装扶手和淋浴椅的需求日益显现。然而，实地调查发现，轻体砖、加气块及部分建筑条板等轻质墙体在没有预先加固的情况下，难以安装卫生间扶手或淋浴椅，即使安装后，墙面也可能因无法承重而受损，进而威胁到使用者的安全。因此，在设计时，应至少考虑未来卫生间墙面安装扶手和淋浴椅的可能性，并在必要的位置进行加固处理，或在局部墙面采用均质或重质材料。

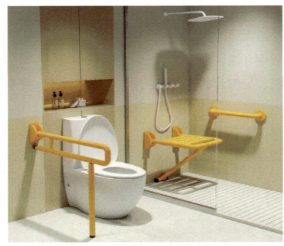 

图 4-4 卫生间坐便器助力扶手及淋浴座椅　　　图 4-5 坐便器助力扶手

4.3.7 楼梯间作为老年人跌倒事故的高发生率区域，其踏步设计需加以注意，应通过简洁的材质和色彩使踏步面界限鲜明，不宜采用深色或带花纹的饰面材料干扰视线，增加跌倒的风险。

4.4 隔声降噪

4.4.1 家装大全包设计应加强房间隔声性能。建议在卧室临街墙面上，考虑增加隔声墙装修项目。确保满足入住条件后，减少街面噪声对卧室休息人员的影响。

4.4.2 住宅室内声环境设计还有如下方法：

（1）宜采用减振垫板、软垫层或架空层的地板等，减少固体传声。

（2）优先采用带有吸声构造的吊顶。

（3）卧室不应紧邻电梯井，当套内其他居住空间紧邻电梯布置时，电梯井道墙体应采取隔声、减振措施。

（4）水、暖、燃气等管道穿过楼板和墙体时，孔洞周边应采取密封等隔声措施。

4.4.3 厨房、卫生间及封闭阳台处给水排水管应采取隔声措施，各机电设备、器具宜选用低噪声产品，宜采用隔声防尘措施的入户门，入户门周边宜设置密封条等设施。卧室的窗、门、隔墙应采用隔声性能好的材料。临近卧室布置的洗衣机宜有隔声减振措施，以保证住户的生活、工作和休息少受噪声干扰。

4.5 室内色彩

4.5.1 室内装修材料的选择应满足室内采光要求，墙面与顶面宜采用浅色调饰面材料。套内功能空间的风格宜一致，用材、用色宜与相邻空间相协调。

（1）木门及门套线、墙面木饰面、木地板、木质踢脚线等木作颜色宜保持一致。

（2）门厅柜、衣柜、橱柜、浴室柜等颜色，整体不宜超过三种。

（3）开关面板、插座、空调面板等颜色宜保持一致。

住宅套内色彩设计（图4-6）需保持各功能空间（如起居室、卧室、书房等）风格的一致性，能够营造出统一的整体氛围，使空间看起来更加和谐统一，避免杂乱无章。套内各功能空间之间的距离较短，如起居室（图4-7），宜采用差距不大的色调，从而产生视觉和谐的美感。

图4-6 住宅套内色彩设计　　　　　　图4-7 起居室色彩设计

4.5.2 室内色彩应有利于营造温馨、宜居的环境氛围，室内空间不宜采用大面积高饱和度的色彩。

设计项目案例

5.1 轻奢设计案例

单位名称：江苏鲸匠装饰设计有限公司

设计风格：轻奢

设计师：张蓉蓉

建筑面积：$127m^2$

户型：三居室

施工工期：115d

设计取费：0.8 万元

装修造价：27 万元（设计、施工、主材、定制品、沙发、家具、家电）

设计说明：户型是较为规整的三居室（图 5-1），客户是一对比较年轻的夫妻，有个 8 岁的儿子，比较有自己的想法，对于家有明确的功能规划，其次是需要充足的收纳空间及理性的空间氛围，所以我们选择的风格是意式极简，对于设计，我们始终坚持理性向善。

图 5-1　轻奢户型

设计要点：充分利用空间。将一些不尽合理的区域，经过二次设计空间调整，达到使用功能上的基本完备。

客厅（图 5-2、图 5-3）：采用开放式格局，左侧设置超大尺寸电视与深色电视柜，右侧为开放式厨房区，中间区域布置餐桌椅，形成开阔通透的动线，主色调以浅米、深棕、大理石灰构成沉稳中性色系，通过开放式布局与几何灯具强化现代简约特质。百叶帘与吊灯造型细节提升空间精致度，整体呈现都市生活的舒适美学。

图 5-2　客厅 1　　　　　　　　　　　　　　　图 5-3　客厅 2

书房（图 5-4、图 5-5）：均以现代简约为核心，强调功能性（储物、多场景切换）与自然材质（木、百叶帘），棕色调为主导，通过浅色台面、白墙平衡视觉，局部跳色（红椅、标语）增加个性。

图 5-4　书房 1　　　　　　　　　　　　　　　图 5-5　书房 2

主卧（图 5-6、图 5-7）：米白床品、木纹书桌与深色床头柜形成黑白灰 + 木色的简约基调，局部点缀橙色玩偶打破沉闷，隐藏式灯光（筒灯）与无主灯设计，配合低饱和度色彩，契合现代人居的克制美学。

图 5-6　主卧 1　　　　　　　　　　　　　　图 5-7　主卧 2

次卧设计布置（图 5-8）：书桌—床—窗形成"工作—休憩—自然"的三角动线，暗合现代人"效率生活"与"精神放空"的需求平衡，百叶帘的叶片角度可调节光线角度，配合置物架灯带，实现从清晨阅读到深夜冥想的全天候氛围切换。

图 5-8　次卧

5.2 现代设计案例

单位名称：江苏鲸匠装饰设计工程有限公司

设计风格：日式

设计师：曾昭武

建筑面积：155m^2

户型：三室两厅两卫

施工工期：130d

设计取费：1.2 万元

装修造价：42 万元（设计、施工、主材、家具、沙发、家电大全包）

设计说明：户型属于功能完备、实用性强的三室两厅两卫居室（图 5-9）。本方案通过"材质对话构建质感"（木纹 + 金属 + 石材）、"色彩节制传递克制"（黑白灰占比超 70%）、"符号提纯塑造记忆点"（数字 / 字母极简植入），回应现代都市人对"高效生活"与"精神栖息"的双重诉求。开放布局消弭功能边界，光影设计赋予空间时间维度，最终形成"冷调骨架"与"暖意细节"共生的当代居住范式。

图 5-9 现代日式户型

客厅（图 5-10）：沙发—茶几—电视柜形成围合式会客动线，吧台与电视墙形成"社交—独处"双模式切换，浅色瓷砖地面贯通全屋，视觉上放大空间。该设计通过克制用色、材质碰撞与光影操控，构建出兼具商业展厅质感与居家舒适度的当代客厅范本，精准回应都市精英人群对"社交属性"与"私人领域"的双重需求。

图 5-10　客厅

餐厨设计布置（图 5-11）：以开放式布局打通厨房与餐厅，形成流畅的生活动线。左侧厨房（浅色橱柜＋电器）与右侧餐厅（深棕色餐桌＋黑色皮质座椅）通过中岛台自然分隔，兼顾操作效率与社交属性。

图 5-11　餐厨设计布置

卧室设计布置（图 5-12、图 5-13）：以床—窗—功能区形成三角动线，加上深棕木质元素＋黑白基调，局部跳色（灰/红）提亮的材质组合，以筒灯基础照明＋重点区域氛围灯（吊灯/台灯）分层渲染，营造出自然人文、追求居家温度的舒适空间。

图 5-12　卧室 1

图 5-13　卧室 2

住宅装修
工程篇

文明施工与拆除

6.1 成品保护规定

6.1.1 成品保护所用材料宜采用绿色、环保、难燃或不燃的材料，并应符合国家标准和公司制定的相关规定。

6.1.2 施工和保修期间，应对所施工的项目和关联的相关工程进行成品保护；相关专业工程施工时，应对装饰装修产品进行成品保护。

6.1.3 成品保护可采用覆盖、包裹、遮搭、围护、封堵、封闭、隔离等方式。

6.1.4 成品保护重要部位应设置明显的警示标识。保护入户门，张贴公司标识。对室内外的窗户用带有公司标识的窗贴进行保护，粘贴方正。

6.1.5 有粉尘、喷涂作业时，作业空间的成品应做包裹、覆盖等保护。有产生粉尘的施工时，选择的设备要有吸尘功能。

6.2 文明施工规定

6.2.1 施工人员现场文明要求：

（1）施工人员严禁赤膊，需穿着公司统一工作服，工作服干净整洁，衣裤完整。

（2）施工人员禁止穿拖鞋，超过3m以上施工作业，需挂安全带（安全带高挂低用）。

（3）施工现场禁止明火做饭，施工人员禁止吸烟、饮酒、大声喧哗。

（4）施工人员需服从管理、使用文明用语。

6.2.2 施工现场文明要求：

（1）施工人员物品应统一存放至衣帽柜（箱），不得随意摆放。

（2）施工现场有临时卫生间，配备遮挡门帘，临时便器应安装牢固，即用即冲即清理，保证现场无异味，干净卫生。

（3）施工现场设置临时给水排水点位，给水需设置水龙头，排水需使用软管与排水管道连接，并张贴标识，且每天关闭总闸，确保现场用水安全，防止积水渗漏造成意外损失。并呈现于施工日志中。

（4）施工现场卫生环境应做到一日两清，悬挂卫生清理工具，扬尘作业时应配套降尘措施，设置临时垃圾存放点。

（5）施工现场配备档案资料袋、张贴横幅标语、施工进度计划表。

（6）施工现场竖立各工程单项工种职责与施工标准的展示板。

（7）施工现场竖立各工程参与人员的岗位职责展示板。

6.3 施工安全规定

6.3.1 新工人进场前应进行安全教育。所有进场施工人员，必须进行安全施工交底，进行施工机械设备的性能及操作安全教育。

6.3.2 非相关专业人员严禁动用及使用机械设备进场施工。

6.3.3 进场施工前项目经理宜检查施工现场（图6-1）及工程资料，做好相关记录。施工现场应满足安全施工需求，如施工现场应配备灭火器，施工梯应有安全绳及防滑措施等。

图6-1 检查施工现场

6.3.4 施工机械设备和施工机具使用前应进行安装调试和交接。施工工人应熟悉施工机械设备配备使用说明书。

6.3.5 照明灯具电压选择应符合国家现行有关标准的规定，根据现场环境选用防水型、防尘型、防爆型等低温、节能型灯具，不应使用碘钨灯。

6.3.6 手持式电动工具不得采用 BV 线、花线、破损线等不具安全保护功能的

用线。

6.3.7 易燃物品应相对集中放置在安全区域，有明显标识；使用油漆等挥发性材料时，应随时封闭容器。

6.3.8 施工现场动用电气焊等明火时，应清除周围及焊渣滴落区的可燃、易爆物质，应配置接火斗和灭火器，并有专人监督。

6.4　拆除施工要点

6.4.1 不得擅自拆改住宅承重墙、梁或结构柱、室外有阳台的半截墙等结构，不得切断或剔除掉原有承重结构的钢筋。

6.4.2 拆除施工前，应先关闭该户的燃气、水、电等阀门；不得擅自拆改上述设备管线，若必须拆改，应由专业人员拆改。

6.4.3 拆除工程施工人员，应接受对安全措施的教育、监督、检查。

6.4.4 墙体拆除应先弹线定位，切割定型，从上而下逐步进行；不得上下垂直交叉作业，不得以整墙推倒的野蛮方式拆除。

6.4.5 木门窗拆除应预先做好安全防护措施。拆除时的垃圾运向室内，禁止高空抛物。

6.4.6 拆除作业人员应按照要求配备必要的安全防护、设施设备。

6.4.7 垃圾、废料应分类，不得在楼板上集中堆放。及时清理。

6.5　拆除施工质量要点

（1）拆除作业面相对平整、边口平直。

（2）所产生的垃圾装袋运输。

（3）未破坏原有承重构造。

（4）避免损坏要保留的线路、水管、暖气管等原有管路。

（5）保留的墙体、地面，无明显松动、开裂。

施工前检查与临时用电安全

7.1 施工交接检查

7.1.1 住宅室内拆除施工完成后，在装饰装修工程施工前应进行基层工程交接检验，并应在检验合格后进行室内装饰装修工程的施工。

7.1.2 基层工程检验时应检查暖通、电气、给水排水等工程的无损坏和结构的质量隐患。

7.1.3 如出现原房遗留问题，需通知业主和物业。商议妥当处理措施后，正式通知水电工开始。

7.2 毛坯房原墙面基层检查

7.2.1 原墙面基层抹灰层材料、强度等级应符合原设计要求，不应存在起砂、掉粉等缺陷。

7.2.2 原墙面基层抹灰层与基层之间粘结应牢固，不应存在脱落、空鼓、开裂、爆灰等缺陷。

7.2.3 原墙面基体不同材料或转角交接处等防止开裂的加强措施设置应符合原设计要求。

7.3 毛坯房原墙面基层的允许偏差和检验方法（表 7-1）

毛坯房原墙面基层的允许偏差和检验方法　　　　　表 7-1

项次	项目	允许偏差（mm）	检验方法
1	立面垂直度	4	用 2m 垂直检测尺检查
2	表面平整度	4	用 2m 靠尺和塞尺检查
3	阴阳角方正	4	用 200mm 直角检测尺检查

7.4 毛坯房原水泥砂浆地面基层检查

7.4.1 原地面混凝土垫层、水泥砂浆基层、地暖回填层与下一层应结合牢固，不应存在空鼓、开裂、起砂等缺陷；当出现空鼓时，空鼓面积不应大于 0.04m²，且每自然间或标准间不应多于 2 处。

7.4.2 原地面基层有坡度要求的表面应符合原设计要求，不应存在倒泛水和积水现象。

7.4.3 同层同套住宅居室地面基层整体水平偏差不宜大于 15mm。

7.4.4 地面基层表面平整度的允许偏差不应大于5mm。用2m靠尺和楔形塞尺检查。

7.5 毛坯房原顶面基层检查

7.5.1 原顶面基层抹灰层材料、强度等级应符合原设计要求，不应存在起砂、掉粉等缺陷。

7.5.2 原顶面基层抹灰层与基层之间粘结应牢固，不应存在脱落、空鼓、开裂、爆灰等缺陷。

7.5.3 原顶面基层抹灰层厚度应符合原设计要求，顶面不应使用水泥砂浆抹灰。

7.5.4 原顶面基层抹灰层表面应顺平、洁净、接槎平整，不应存在脱皮、污垢、油渍、水渍、受潮、返碱、空鼓、开裂等缺陷。可用小锤敲击检查。

7.5.5 住宅室内每自然间顶面基层整体水平度偏差不宜大于 10mm，平整度的允许偏差不应大于 4mm。水平度使用尺量、水平标线仪检查；平整度用 2m 靠尺和塞尺检查。

7.6 临时用电安全规定

7.6.1 施工现场临时用电应符合下列规定：

（1）电工要求持证上岗。应持有政府电力主管部门颁发的电工证，证件在年检期限内。

（2）须配备不少于 1 个独立的配电箱。安装、维修、拆除临时用电设施时，必须由电工完成。配电箱禁止设立在潮湿和粉尘多的地方。

（3）临时用电配电箱中应装设漏电保护器。

7.6.2 电气改造临时电线及布线要求：在现场临时电线应为电缆线和三芯护套线，严禁使用双绞花线作临时电线。导线应完好，线径应满足设备负荷要求。

7.6.3 照明和插座临电拉线应尽量走墙边和墙面，并设置临时固定点，墙面固定宜在 1.8m 以上。保证线路安全合理、整齐美观。严禁导线随意散落地面。

7.6.4 改造施工期间使用的电动工具，须从临时配电箱引电，严禁从原主电箱拉接或从原插座直接引电。电动工具、电线、插头应完好，能正常运转，定期保养。

7.6.5 临时照明灯具的要求：每个房间均应配临时照明，使用节能灯或白炽灯，应配装专用的临时灯控开关。临时照明严禁使用高热灯具（碘钨灯、聚光灯等），严禁灯具与易燃易爆物之间靠近和直接照射，须保证不低于 500mm 的距离。

7.6.6 潮湿雨期、冬期，若现场采用除湿或加热设备以满足施工要求时，应使用安全可靠的设备，但须向公司工程部报备，并经业主认可。

7.6.7 现场应使用安全的电热水壶。

7.6.8 施工使用电切割机等产生火花的设备时，应配防火措施，备好水桶、砂子。火花与带电部分距离不得小于 1.5m，且应远离易燃物品、保温材料等。

7.6.9 施工人员下班前，应对临电线路进行检查，确定无破损、无安全隐患后切断电源。

7.7　装修主要施工环节

7.7.1 现场文明施工规范：

（1）严格执行公司工程现场管理规定。

（2）注意防火、安全、成品保护条例的贯彻执行。开展自查、抽查的管理方法。

7.7.2 在客餐厅显眼处摆放干粉灭火器（图 7-1），按防火规定配备至少 2 个 4kg 干粉灭火器，且在有效期内可正常使用，定时检查是否过期。

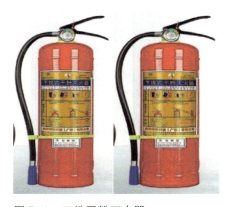

图 7-1　工地干粉灭火器

7.7.3 工地现场张贴相关规定：工地管理制度指示牌（图7-2），安置于室内宽敞显眼处，下边缘离地面高度 1.2 ～ 1.4m，平行于标高水平线。

7.7.4 应在卫生间排水管上安装临时污水蹲厕（图7-3），使用后必须另外取水冲洗干净。

图 7-2　工地管理制度指示牌　　　　　图 7-3　临时污水蹲厕

7.8　强弱电主要施工环节

7.8.1 按施工安全管理要求，工地应配置临时配电箱（图7-4）。应在入户电箱的总闸空开端子上接线，施工时合闸开启，下班离场断电。

图 7-4　配置临时配电箱

7.8.2 管理制度要求：对公共区域的墙面用墙面保护膜保护，周边使用胶粘贴牢固。工地施工墙面、地面应涂刷墙固、地固（图7-5、图7-6）进行保护。

图 7-5　涂刷墙固、地固保护　　　　图 7-6　涂刷墙固施工场景

7.8.3　管理工地应做好相关标识，物料、工具、垃圾分区摆放，做好"安全用电""禁止吸烟"等警示牌的粘贴工作，粘贴牢固方正。

7.8.4　在电气工程改造施工中，应对家装配电箱做遮盖保护（图7-7），对接线盒做防尘保护，加盖专用粉尘盖（图7-8）。避免混凝土碎屑落入接线盒内，污染电线电缆金属芯，造成连线虚接的隐患。

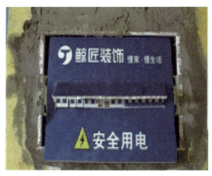

图 7-7　配电箱的遮盖保护　　　　图 7-8　接线盒使用防尘保护盖保护

7.8.5　在厨房、卫生间的排水管路施工中，所有排水管管口，必须同时做好成品保护。加盖水路保护扣盖，避免杂物、水泥碎块不慎落入排水管管口，造成今后管路拥堵的质量隐患。

7.8.6　在强弱电路管相交时，要求在相交区域的电管上包裹锡箔纸（图7-9），以屏蔽强电电磁信号干扰。

7.8.7　在每日结束工作后的各工序检查验收前，应整理现场，保持环境卫生整洁

（图 7-10）。注意：客厅和主要通道不能摆放材料和堆放垃圾，确保地面干净。

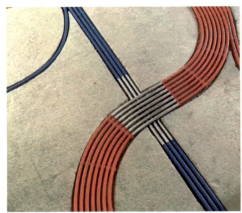

图 7-9　强弱电交会处包裹锡箔纸

图 7-10　保持环境卫生整洁

轻体砖砌筑与轻钢龙骨隔墙及吊顶施工

8.1 轻质砌体隔墙适用范围、施工准备

8.1.1 施工准备

（1）非承重墙体与墙地面连接部位必须清洁。对于光滑的混凝土表面应凿毛处理。

（2）砌筑位置、轻体砌块浇水湿润完毕。

8.1.2 材料准备

（1）水泥砂浆（配比为 1 ∶ 2）。

（2）蒸压加气混凝土砌块规格：600mm × 250mm × 200（150、100、50）mm。

（3）ϕ8mm 水平拉结筋、ϕ8mm 膨胀螺栓。

（4）材料应检验合格后方可进场，存放要符合要求。

8.1.3 工具准备

（1）搅拌工具：电动搅拌器、拌料桶、灰槽、水桶。

（2）电动工具：云石机、电锤、砂轮锯、电焊机等。

（3）手动工具：托板、抹子、灰铲、钢筋切断钳、钢锯、笤帚、白线、墨斗。

（4）检测工具：2m 靠尺、钢直尺、直角尺、水平尺、激光旋转水平仪。

8.1.4 常规施工流程

施工准备→放线→砖体浸水→水泥砂浆的搅拌→砌筑隔墙基础→砌筑墙体→墙体顶端处理。

8.2 轻体隔墙施工重点环节

（1）基层处理：放线定位前应清理施工区域，保证基面干净、无障碍物，并根据施工图纸进行准确弹线定位。基层墙面与地面须提前洒水湿润，增强砂浆粘结力。材料进场前应进行验收，确保轻质隔墙板表面平整、无裂缝、无缺角掉角，尺寸符合设计要求。

（2）拉结筋：墙体安装前应先设置好门窗洞口预留，加强筋应在洞口两侧布设

牢固。

（3）错缝砌筑：墙体砌筑应遵循"上下错缝、横平竖直"的原则，确保结构稳固、美观。砌筑时上下层砖缝错开不应小于 1/3 砖长，严禁竖缝通缝，以防结构应力集中。转角、交接部位应采取搭接方式砌筑，交接处砖块交错嵌合，不得采用临时填塞。

（4）门洞口过梁：门洞口上方应设置钢筋混凝土或其他结构强度达标的过梁，以保障门洞上部砌体结构稳定，防止开裂和下沉。过梁尺寸、埋深及配筋方式应符合设计要求，严禁随意更改结构形式或擅自减少钢筋数量。在砖混结构中，预制过梁两端支承长度不得小于 240mm，并须保证与墙体紧密结合，防止出现空鼓或松动现象。现浇过梁应采用定型模板，支模牢固，混凝土浇筑饱满密实，养护时间不少于 7d。门洞过梁砌筑完成后，应进行检查验收，确认过梁水平、支座牢固、表面平整、无裂缝等缺陷后方可继续上部砌筑作业。

（5）顶部斜砌：墙体砌至接近顶部时，如存在与结构顶面之间的非整砖高度空间，必须采用斜砌方式进行封顶处理，不得留有水平通缝或强行塞砖。顶部斜砌应采用同类砖材料进行切割加工，保持斜面与顶板紧密贴合，严禁使用碎砖、杂砖或砂浆填塞代替砌筑材料。斜砌砖缝应饱满，保证砂浆密实度，避免出现松动、开裂或空鼓现象。墙体封顶后应对顶部进行清理，并及时进行抗裂处理，可根据情况采用钢丝网 + 水泥砂浆找平，或嵌缝 + 密封胶处理。斜砌完成后应确保整体观感整齐美观，表面平顺，无错缝、缺口、渗漏等问题。

8.3　轻质砌体隔墙施工要求

8.3.1　混凝土砌块砌体的普通砂浆灰缝厚度宜不大于 15mm。

8.3.2　混凝土砌块砌体采用混凝土砌块专用粘结砂浆，灰缝厚度宜为 3 ~ 4mm。

8.3.3　轻质砌体施工工法：

（1）卫生间、厨房、阳台、地下室等潮湿、有水区域轻质砌体墙底部应设置混凝土坎台，砌封水管道井，底部应浇筑细石混凝土坎台，坎台高度应在 150 ~ 200mm 为宜。

（2）不同种类、不同强度等级砌块不应混砌。

（3）新、旧墙结合处应加设拉结筋；薄灰砌筑法砌筑的蒸压加气混凝土砌块砌体，拉结筋应放置于砌块上表面设置的沟槽内。

（4）砌筑填充墙应错缝搭砌，蒸压加气混凝土砌块搭砌长度不应小于砌块长度的 1/3；轻骨料混凝土小型空心砌块搭砌长度应不小于 90mm。

（5）砌筑灰缝应饱满，不得出现透明缝、瞎缝、通缝和假缝。

（6）砌体填充墙砌至接近梁、板底，应留有一定空隙，7d后再采用砌块砖斜砌楔紧；填充墙墙顶应与梁、地板紧密结合。

（7）砌体墙上钻孔、槽或切锯，应使用专用工具，不得任意剔凿。各种预备洞、预埋件、预埋管，应按要求设置，不得砌后剔凿。

（8）对轻骨料混凝土小砌块，应提前浇水湿润，块体的相对含水率宜为40%～50%。雨天及小砌块表面有浮水时不得施工。

（9）基层处理：剔除高于地面的凝结砂浆，保证砌筑时基层平整。地面平整后要将弹线的部位清扫干净，不能有浮灰。

8.3.4 轻质墙植筋施工：

（1）新建墙体须采用增强墙体刚性、整体性的施工工艺。在新墙体内拉结筋植筋和墙垛拉结筋植筋，新老墙体连接处也必须加拉结筋，采用竖向间距为500mm、直径为6mm的钢筋，伸入新砌墙体不小于700mm，铺砌时将拉结筋理直、铺平。在新墙体下端宜设水平混凝土带，潮湿区域必须做混凝土坎台（地枕带）。

（2）拉结筋植筋：用冲击钻钻孔，钻头直径应大于钢筋直径4mm，钻孔深度不小于12倍直径，去除孔内碎屑，将孔内灰尘吹干净，等待24h并干燥以后，在孔内打上植筋胶，再将钢筋植入孔内固定。

8.3.5 轻质墙注意事项：

（1）砂浆出现过稠、过稀等现象应重新拌制，不得使用（需注意事项：抹灰厚度大于35mm，应分层施工处理，抹灰也可选择成品砂浆施工）。

（2）采用薄灰砌筑法砌筑的蒸压加气混凝土砌块，砌筑前不宜对砖浇（喷）水湿润。

8.3.6 墙体砌筑施工：

（1）蒸压加气混凝土砌块必须在砌筑前1d浇水湿润，注意渗漏（喷水淋湿为宜），一般以水浸入砖边1.5cm为宜，不得用干砖上墙。干燥的砌块会大量吸水，影响砌筑砂浆的粘结性，导致空鼓脱落发生。挂线，控制好墙体的垂直度和平整度。根据顶板控制线挂垂直线，用来控制墙体砌筑过程中的垂直度，挂水平线控制整体平整。

（2）砌筑时粘结砂浆必须饱满，砌筑灰缝横平竖直，控制好灰缝大小，使灰缝均匀一致。上下两层砌块搭接错缝最少为1/3块砖长度，转角处相互咬砌搭接。

（3）砖与砖之间的灰缝应密实饱满，缝宽要求8～12mm。距顶面3～5cm处应作预留，可采用水泥砂浆或聚氨酯发泡材料填充。

8.3.7 墙体过梁施工：

（1）所有新砌轻质墙体门窗洞口处，需按公司规定加设过梁。

（2）所加设过梁材质宜为方钢或钢筋混凝土过梁。

（3）过梁两端搭接长度为 10 ~ 30cm。

8.4 轻质砌体隔墙质量检查验收

8.4.1 检查验收常规方法：观察、尺量、复核图纸尺寸、检查隐蔽工程验收记录。

8.4.2 轻质砌体隔墙砌块灰缝厚度应符合要求，砌筑砂浆与砌块结合严密，且砂浆表面牢固、密实，不应存在掉粉、脱落等缺陷。

8.4.3 轻质砌体隔墙地面构造及底部构造应符合设计要求，厨房、卫生间、浴室等墙底部宜采用现浇混凝土坎台，坎台高度宜为 150 ~ 200mm，拉结筋设置应符合要求。

8.4.4 轻质砌体隔墙圈梁、现浇带、构造柱位置及拉结筋设置应符合要求，宜采用现浇混凝土结构，混凝土强度符合要求。

8.4.5 轻质砌体隔墙门、窗洞口应设置过梁，过梁与墙体搭接距离、材料、规格、强度和墙体连接方式等应符合结构要求。

8.4.6 在厨房、卫生间、浴室等采用轻骨料混凝土小型空心砌块、蒸压加气混凝土砌块筑墙时，墙底部宜现浇混凝土坎台，其高度宜为 150 ~ 200mm，混凝土的强度等级为 C20，轻质砌体隔墙门、窗洞口必须设置过梁，过梁与墙体搭接距离等应符合要求。

8.4.7 厨房、卫生间新建墙体的下端，必须做混凝土坎台（图 8-1），并一次浇筑成型，不留施工缝。

图 8-1　厨卫新建墙体混凝土坎台

8.4.8 坎台宽度应符合设计要求,当设计无要求时,宜与墙体厚度相同。

8.4.9 轻质砌体墙体应与主体结构可靠连接。新建墙体与顶面连接构造(图 8-2)应符合要求,采用红砖倾斜砌筑,填缝严密、砂浆饱满。

图 8-2　新建墙体与顶面连接构造

8.5　轻质砌体隔墙外观质量检查

8.5.1 检查验收常规方法:观察、尺量、复核图纸尺寸。

8.5.2 轻质砌体隔墙表面应洁净,不应存在开裂、断裂等缺陷,砌筑缝应均匀、顺直。

8.5.3 轻质砌体隔墙圈梁、现浇带、构造柱以及厨卫、浴室等墙底部的坎台宜采用现浇混凝土结构,混凝土结构表面不宜出现蜂窝、麻面、孔洞等缺陷,混凝土表面应平整、光滑、洁净。

8.5.4 轻质砌块应错缝搭砌,蒸压加气混凝土砌块搭砌长度不应小于砌块长度的1/3,轻骨料混凝土小型空心砌块搭砌长度不应小于 90mm。

8.5.5 轻质砌块的砌筑砂浆垂直、水平灰缝表面均应填塞饱满,砌块与砂浆粘结面积不应小于 80%。新砌筑墙体挂网(图 8-3)增加整体性、刚性。安装挂网应平贴、牢固。老墙与新隔墙交汇处同样也必须采用挂网(图 8-4)工艺。

图 8-3　新建墙体挂网　　　　　　　　　图 8-4　老墙与新隔墙挂网

8.5.6　轻质砌体隔墙面层如设置特殊承重等结构时，应要求相应加固细部构造。

8.5.7　埋置长度应符合设计要求，竖向位置偏差不应超过一皮高度。

8.5.8　填充砌体墙应与主体结构可靠连接，其连接构造应符合设计要求。每一填充墙与柱的拉结筋的位置超过一皮块体高度的数量不得多于一处。

8.5.9　应沿框架柱、构造柱、墙全高每隔 600mm 设拉结筋，拉结筋间距沿墙高不应超过 600mm；120mm 墙厚放置 1 根直径 6mm 拉结钢筋，240mm 厚墙应放置 2 根直径 6mm 拉结钢筋；拉结筋伸入砌体内不少于墙长的 1/5，拉结筋末端应有 90° 弯钩。

8.5.10　填充墙门、窗及直径大于 30mm 砖洞处均采用钢筋混凝土过梁（长度 = 门窗洞跨度 +480mm），过梁宽度同墙厚，采用预制混凝土过梁。

8.5.11　轻质砌体隔墙的允许偏差和检验方法应符合表 8-1 的规定。

轻质砌体隔墙的允许偏差和检验方法　　　　　　　　　　表 8-1

项次	项目		允许偏差（mm）	检验方法
1	垂直度	≤ 3m	5	线坠或2m垂直检测尺检查
	（每层）	> 3m	10	
2	表面平整度		8	用2m靠尺和楔形尺检查
3	门窗洞口高、宽（后塞口）		± 10	用钢直尺或卷尺检查
4	阴阳角方正		3	用200mm直角检测尺检查

8.5.12　轻质砌体隔墙留置的拉结钢筋的位置应与块体皮数相符合，拉结钢筋应置于灰缝中，埋置长度应符合设计要求。

8.5.13　轻质砌体隔墙验收后，进入水电管路开槽布线工序。

8.6 轻钢龙骨石膏板隔墙、吊顶适用范围、施工准备

室内轻钢龙骨石膏板隔墙、吊顶采用主要材料为单层 C 形龙骨、石膏板等。

8.6.1 施工准备

（1）现场需拆除的部位拆除清理干净。

（2）施工图纸和现场核对无误。

8.6.2 材料准备

（1）正规 C 形竖向龙骨（50mm×50mm×0.6mm；75mm×50mm×0.6mm）；U 形天地龙骨（50mm×40mm×0.6mm；75mm×40mm×0.6mm）。

（2）指定品牌石膏板：9、12mm 厚石膏板；9、12mm 厚防潮石膏板。

8.6.3 工具准备

（1）电动工具：钢材切割机、电锤、木工电圆锯、曲线锯。

（2）手动工具：壁纸刀、木工板锯、滚筒、鬃刷、龙骨钳。

（3）检测工具：2m 靠尺、水平尺、激光旋转水平仪。

8.6.4 工艺流程

放线→安装沿顶、沿地龙骨及边龙骨→安装竖向龙骨→安装门洞口框龙骨→安装预埋管线→安装一侧石膏板→填充玻璃丝棉→隐蔽工程验收→安装另一侧石膏板→分项工程验收。

8.7 龙骨安装施工

8.7.1 住宅装饰整体面层吊顶若使用轻钢龙骨，吊杆间距与龙骨间距应符合下列规定：

（1）吊杆间距应为 800 ~ 1000mm，吊杆与主龙骨端部距离应不大于 200mm。

（2）主龙骨间距应为 800 ~ 1000mm，主龙骨端头距墙应不大于 100mm，最边排主龙骨距墙应不大于 200mm。

（3）次龙骨距墙应不大于 300mm。

8.7.2 吊顶龙骨的安装应符合下列规定：

（1）沿墙龙骨固定点间距应不大于 400mm。

（2）暗龙骨系列的横撑龙骨应用连接件将其两端连接在通长次龙骨上；明龙骨系列的横撑龙骨与通长龙骨搭接处的间隙应不大于 1mm。

（3）轻钢龙骨的连接方式应使用专用连接配件，用铆钉或专用连接工具固定。

（4）顶面结构层打孔深度不应大于65mm，不得损伤结构钢筋、穿透顶板。

8.7.3 设备孔洞、检修孔及灯孔的位置，应在封板前完成定位，龙骨应避开需开孔位置。

8.7.4 吊顶起拱高度应根据房间面积来确定，房间面积不大于50m²时，起拱高度应为房间长向跨度的1%～3%；房间面积大于50m²时，起拱高度应为房间短向跨度的3%～5%。

8.7.5 吊顶内设置中央空调等设备时，应在设备相应的地方留好进出风口、检查口（注意美观），吊顶末端设备安装位置（灯具/风口/检修口）应增设独立吊杆。

8.8 吊顶罩面板施工

8.8.1 吊顶内各种管线布置完毕，检查验收后，进行下道工序——封石膏板。封板应用自攻螺钉固定石膏板，应从板的中部向板的四边固定。

8.8.2 自攻螺钉到石膏板原始边的距离宜为10～15mm，至切割边的距离宜为15～20mm；板周边钉距宜为150～170mm，板中间的螺钉间距应不大于200mm。

8.8.3 自攻螺钉钉帽宜沉入板面下0.5～1.0mm，不应使石膏板的纸面破损。

8.8.4 石膏板间的拼接缝间隙宜为3～5mm。

8.8.5 安装双层石膏板时，上下层板的接缝应错开，不得在同一根龙骨上接缝。横竖交汇处应采用吊顶防裂凸形、L形套裁封板（图8-5），克服开裂应力造成的质量缺欠的影响。不宜采用吊顶通缝封板（图8-6）加大开裂隐患。

图8-5 吊顶防裂凸形封板

图8-6 吊顶通缝封板

8.9 吊顶龙骨安装质量要求

8.9.1 检查验收方法：观察、尺量、模拟手拽、据要求进行牢固性测试。

8.9.2 吊顶龙骨安装应牢固，吊杆、主龙骨、次龙骨间距及安装位置、标高、起拱、造型应符合设计要求。

8.9.3 吊杆或反支撑连接基础为钢结构主体、转换层、原结构预埋件、后置紧固件等结构时，连接方式应符合设计要求，连接牢固、可靠。

8.9.4 吊顶龙骨采用木龙骨结构时，龙骨框架、基础结构、龙骨连接方式应符合设计要求，安装应牢固，木龙骨不应存在劈裂、变形等缺陷，且与顶面连接时不得使用木塞、射钉、螺钉固定。

8.9.5 吊杆、龙骨与梁、管道、设备等相遇时，应调整吊杆、龙骨间距、数量或增加钢结构转换层，细部构造应符合设计要求，且不能与其他（管路、设备等）吊杆混用。

8.9.6 空调送回风口、检修口等龙骨结构，其细部构造、位置应符合设计要求，安装应牢固。

8.9.7 吊顶龙骨不应有弯折、变形、开裂、扭曲等缺陷。

8.9.8 轻钢龙骨吊顶设置及连接应符合设计要求，无设计要求时应符合下列规定：

（1）边龙骨应使用直径不小于 6mm 的膨胀螺栓或射钉固定，膨胀螺栓间距不宜大于 500mm，距端头不应大于 50mm，射钉间距应不大于次龙骨间距。

（2）非上人吊顶主龙骨间距不应大于 1200mm，主龙骨距边部距离不应大于 200mm，大于 200mm 时，其细部构造应符合设计要求，且沿吊顶长向安装。

（3）主龙骨的接长应采用专用接长件对接，相邻龙骨的对接接头应相互错开，错开距离宜不小于 1000mm。

（4）主龙骨起拱高度宜为房间短向跨度的 1‰ ~ 3‰或 4‰，且同时符合平整度验收要求。

（5）次龙骨间距应根据整体面层材料厚度及龙骨规格等要求，宜不大于 300 ~ 450mm，潮湿区域、地下室、长江以南地区次龙骨间距宜不大于 300mm；穿孔石膏板的次龙骨和横撑龙骨间距应根据孔型的模数或板的模数确定。

（6）次龙骨的接长应采用专用接长件对接，相邻龙骨的对接接头应相互错开，错开距离宜不小于 600mm。

8.9.9 住宅吊顶外观质量，应平整、光滑、周正。

8.10　顶部造型灯槽施工

8.10.1　灯槽结构悬挑部分应符合设计要求，无设计要求时，必须使用龙骨结构，严禁软悬挑，悬挑距离不应大于200mm；安装有装饰线条等对承重有要求的灯槽结构时，悬挑距离应符合设计要求（图8-7、图8-8）。

图8-7　门厅吊顶异形造型灯槽　　　　　图8-8　主卧吊顶单边灯槽

8.10.2　吊顶造型龙骨转角处细部构造应连接牢固，不应存在转角龙骨悬搭、松动等缺陷。主龙骨、次龙骨等部件连接应使用专用连接件，连接可靠、卡扣到位；采用铆钉连接时，锚固点不少于2个；采用特殊连接方式时，其细部构造应符合要求。

电气工程与给水排水施工

9.1 电气工程适用范围及施工准备

适用于家装电气改造，照明与电源配线的电管，组成保护电路敷设工程。

9.1.1 施工准备：施工现场拆除工作完成并清理干净。

9.1.2 材料准备：

（1）管径 16、20、25mm PVC 电管，接线暗盒，红色相线、黄色相线、蓝色相线、黄绿双色线（图 9–1）、各种配套连接管件及 PVC 固定卡。

（2）所有各种规格的电线管道、管件必须是公司指定品牌，经过验收合格。

（3）国标配电箱、国标多媒体信息箱。

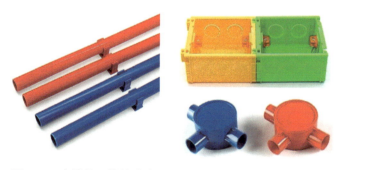

图 9–1　穿线管、接线暗盒、三通，地线必须采用黄绿双色线

9.1.3 工具准备：

（1）电动工具：砂轮锯、电钻、电锤、开孔器。

（2）手动工具：PVC 弯管弹簧及手扳弯管器、专用扳子、钳子。

（3）水平尺、角尺、卷尺、线坠、小线、墨斗。

9.2 电工、业主、工长确定电路布线路径

9.2.1 依据住宅原结构平面图结合室内工地实况，与客户沟通，了解其需求，包

括：居住人群（是否有小孩、儿童等）、个人偏好、对家用电器的需求。

9.2.2　根据家具、家用电器大致的摆放位置，确定电源插座位置及高度；与施工人员确认现场实际操作的可行性。

9.2.3　按照三方实地布线的可行性，确定机电末端位置（照明灯具位置、开关位置）。

9.2.4　根据厨房、卫生间等不同房间的功能以及空调、电热水器等不同家用电器的需求确定配电回路的数量。

9.2.5　确定强电线路的敷设方式。确定弱电系统各信息使用点位置。确定弱电线路敷设方式。

9.3　电气施工人员应按规定持证上岗

9.3.1　家装电气工程施工流程：

电气工程施工流程，只是说明流程框里的内容，先后次序关系可按家装具体工程作出安排。可并列、可前移、可调后。按实际工地建筑施工组织设计进行合理安排（图9-2）。

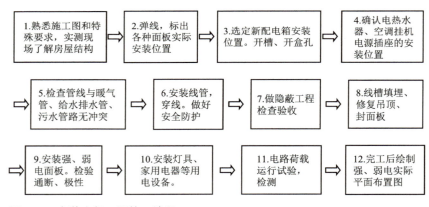

图9-2　家装电气工程施工流程

9.3.2　施工前检查材料：

住宅装修电气设备、电线产品规格（表9-1）、电气配件型号符合设计要求，符合国家相关行业标准的规定，包括配电箱、弱电箱、电线品牌、电管电料等符合双方对材料的合同约定。

电线产品规格与铜线直径尺寸　　　　　　　表 9-1

图片参考				
产品规格	BV1.5-1 1.38	BV2.5-1 1.78	BV4-1 2.25	BV6-1 2.75
直径尺寸	178mm	198mm	210mm	230mm
产品质量	2.1kg	3.11kg	4.62kg	6.6kg
横截面面积	1.5mm^2	2.5mm^2	4mm^2	6mm^2
平均外径	3.2 ~ 2.6mm	3.9 ~ 3.2mm	4.4 ~ 3.6mm	5.0 ~ 4.1mm
外皮厚度	0.7mm	0.8mm	0.8mm	0.8mm

9.4　住宅装修电气施工

9.4.1　配电箱等安装施工：

（1）箱体预埋：配电箱不得安装在卫生间等有防水区域的墙体上，且原配电箱与进户线尽量考虑不移位。预埋时，应确定好箱体上下部位所穿导线管根数和管径，连接箱体导管的洞孔一律采用相应大小的钻孔器钻孔，再扣好杯梳（锁扣）。新埋设的箱体应牢固，以凸出原墙面 5mm 左右为宜。

（2）基本配置：箱内应设漏电安全保护、接地保护、短路保护和过欠压保护装置，总开进出跳线截面应同等线径，剩余电流动作保护器动作电流不应大于 30mA。并按要求分数路出线。

（3）施工要求：箱体内配线应整齐，无铰接现象，不应有接头，不伤线芯。接线端子规格与线芯截面积大小匹配。配电箱内导线与电器元件，如：断路器（空开），连接牢固可靠。同一空开端子上连接导线不应超过两根。配电箱内，零线（N 线）和保护接地线（PE 线）应经汇流铜排连接。

（4）箱体安装牢固平正，箱盖应紧贴墙面。各配电分支回路应有标识，箱内侧宜有电气系统图和控制回路标识。家居智能信息箱与电源配电箱之间的距离应不小于500mm，并应接入 AV220V 电源，预留无线路由、光纤路由器的位置。

9.4.2 布线施工原则：

（1）在遵循管线横平竖直的原则基础上应尽量减少管弯数。强电管宜走顶、走墙；弱电管原则上经地面再上墙，总箱至终端的走势应呈树丫状。

（2）不得在厨房、卫生间、阳台和地下室等潮湿、有水区域地面下方布设管线；潮湿、有水区域的管线应沿墙、顶敷设。

（3）管线应设置在水管的上方，应设置在暖气管、热水管等有热力的管道下方。

（4）顶棚布管应设接线盒，不得直接采用三通和直角弯分线。明敷导线应穿管或加线槽板保护，吊顶内的导线应套 PVC 管保护，导线不得裸露。接线盒的位置应便于检修。

9.4.3 暗敷线管时，剔槽尺寸及质量应符合下列规定：

（1）剔槽宽度宜为导管直径 D+30mm，槽深度宜为导管直径 D+15mm。

（2）剔槽时不得损伤结构钢筋或其他可能影响结构安全的构件。

（3）地面切割深度以找平层为界（老房子或多孔板和无找平层的楼板，地面上禁止切割），管槽经切割后（含墙面水管）用凿子剔除槽内的渣石，槽道内壁应顺直，无明显凹凸不平的情形。

9.4.4 拉线盒安装规定：

安装分支回路，在管线长度超过 15m 时，或有两个直角弯时，应增加拉线盒。作今后检查维修之用。

9.4.5 顶面布管：

（1）强弱电线管（配件）全部采用 PVC 管，强电线管与配件宜采用橘红色，弱电线管与配件宜采用蓝色。

（2）厨、卫顶面布线安装：导线管用管卡固定于承重结构，间距不大于 800mm，导线管不得捆扎在排水管上。导线所占截面积，不得超出电管总截面的 40%，否则无法抽调管线。

（3）居室顶面布管：居室顶部 PVC 管走向应横平竖直用明卡固定，无吊顶的顶主灯位置如有移动时，应用黄蜡管套线移位，吊顶上如有筒灯或射灯的，在对应的上方设置八角盒，并采用波纹阻燃管连接到灯位。

9.4.6 墙、地面布管：

（1）墙面应尽量减少横向布管，以确保房屋结构抗震性能。卫生间墙面上的镜前灯管子端口应套管配件。室内布线除照明回路以外，其他插座、空调等电源不得利用原有老线管。

（2）线管穿线暗敷电气布线应配管，不同回路、不同电压等级的导线不得穿入同一管内，盒（箱）与管子连接紧密、管口光滑、护口齐全。

（3）管内导线的总截面积不应超过管内截面积的40%。常用线管直径为16、20mm。必须配合相应直径的电线使用。

9.4.7 穿电线颜色规定：

施工相线与中性线（零线）的颜色须不同，同一住宅装修工程相线（L）颜色应统一。宜第一选用红色、第二选黄色。中性线（零线）（N）宜用蓝色。保护线（PE）必须用黄绿双色线。

9.4.8 管座、管卡间距规定：

在顶棚、隔墙中，管线固定点的距离应符合以下要求。直径16、20mm的管路，间距宜为0.6 ～ 0.8m，直径20mm以上管路固定点的间距宜为1.0 ～ 1.2m。

9.4.9 避免发热隐患规定：

在可燃结构的上棚，不宜安装易发热的用电器具。如：假如一定要在餐边柜中，装固定艺术筒灯，应采取其他隔热阻燃措施，避免火灾发生。

9.4.10 安装重物预埋件规定：

电工在家装中安装各种较重的电气器材时，应提前做好挂悬，固定预埋件。当所用电器自身质量在3kg以上时，必须采取加强固定方式。

9.5 电气工程设备、管路、穿线检查验收

9.5.1 配电箱安装，箱内应分别设置中性导体（N）和保护接地导体（PE）汇流排，不同回路的N或PE线不应合用或混用端子；端子规格与芯线截面积应匹配。

9.5.2 配电箱安装外观质量要点：

（1）设计布置多个分支回路的配电箱（图9-3），配电箱接线规范、整齐（图9-4）、牢固。箱底边距地安装高度宜不低于1.6m，安装应水平，箱盖应紧贴墙面、开启灵活，箱体应完整、无污损。

（2）室内部品设置不应影响家居配电箱的操作与维护，不能遮挡，箱背安装密实、牢固。

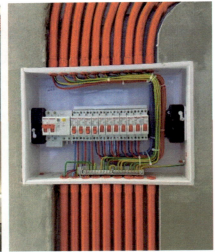

图9-3 多个分支回路配电箱　　图9-4 配电箱接线规范整齐

9.5.3 导管布线、电缆电线穿线要点：

（1）电路设计，在住宅顶棚、墙体布线（图9-5）及顶棚抹灰层、保温层与饰面板内暗埋敷设时应穿管布线。

（2）不同回路、不同电压等级、交流与直流线路的绝缘导线不应穿于同一导管内。

（3）室内布线管内导线占用的总截面面积不应大于管内截面面积的40%。

（4）屋顶电路末端（图9-6），导线绝缘层颜色选择应符合国家规范的要求，即相线（L1）为红色（黄色），中性线（N线）为淡蓝色，保护地线（PE）为黄绿双色，住宅套内每一回路的相线颜色宜统一。

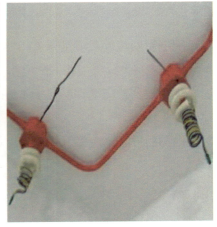

图9-5 住宅顶棚、墙体布线　　图9-6 屋顶电路末端

9.6 给水排水厨卫走管布线及施工准备

9.6.1 现场准备：施工现场拆除工作完成并清理干净。

9.6.2 材料准备：

（1）公司指定专用 PP-R 管，配套 PP-R 管件。

（2）所有管道、管件必须经验收合格。

（3）排水管材为硬质聚氯乙烯（UPVC）管材，同一厂家配套管件、胶粘剂等材料。管材、管件内外表面应光滑，厚度均匀，色泽一致。

9.6.3 工具准备：

（1）电动工具：热熔焊接机、PP-R 管切断钳、电钻、电锤、切割锯。

（2）手动工具：活扳子、钳子、錾子、手锤。

（3）测量工具：水平尺、角尺、卷尺、线坠、小线、墨斗。

9.6.4 施工流程：

测量、放线→墙地面开槽→裁管下料、管路敷设、热熔焊接→管路固定→打压试验→隐蔽验收→冲洗管道→竣工验收。

9.6.5 业主、工长、水电工根据实际住宅现场情况，厨卫空间布局，按用水器位置、开关设置、下排水地漏、下水口，经过综合考量，确定水路点位及管路走向。

9.6.6 给水排水布管注意事项：

（1）热水管与电源、燃气管道的平距宜不小于 300mm，交叉距离应不小于 100mm；燃气设备出水口高度离地面完成面宜为 1350 ~ 1450mm。

（2）在阀门、存水弯等部位应设置检修孔，检修孔的尺寸、位置应满足后期维保的要求。

（3）PP-R 塑料给水管试验压力宜为 0.7 ~ 0.8MPa，稳压 30min 后下降不大于 0.05MPa，无渗漏。

（4）管道、设备安装应在装饰装修工程施工前完成，同步进行的应在饰面层施工前完成，装饰装修工程不得影响管道、设备的使用和维修。

9.7 给水管路改造施工

9.7.1 给水管安装施工：

（1）管道安装应横平竖直，铺设牢固，坡度符合要求，安装完毕后应及时用管卡固定，管材与管件或阀门之间不得有松动，管道铺设时应避开热源。通往阳台的给水管宜加阀门。

（2）安装的阀门型号、规格和位置应符合要求，平正、牢固、紧密，便于使用及维修。

（3）宜在厨房、封闭阳台等区域内便于操作的位置增设室内给水总阀。

（4）室内水管上的各种阀门，应安装在便于检修和便于操作的位置。

（5）给水管道安装，竖向应垂直，横向宜设有 0.2% ~ 0.5% 的坡度，低坡向水龙头或泄水阀等泄水装置。

（6）给水管宜采取顶面平布、墙面下垂式的安装方式；冷、热水管垂直安装时应左热右冷，上、下排列时应上热下冷。

9.7.2 管卡固定距离规定：

距离给水管转角 150mm 处应设管卡固定，中间管卡间距应符合表 9-2 的规定。

给水管管卡最大间距表（mm）　　　　　　　　表 9-2

公称管径		20	25	32	40	50	63	75
立管	冷水	900	1000	1100	1400	1600	1700	1700
	热水	900	1000	1100	1400	1600	1700	1700
横管	冷水	600	600	700	800	900	1000	1100
	热水	600	600	700	800	900	1000	1100

9.7.3 管路 PP-R 管的连接与施工应符合下列规定：

（1）管道应使用专用的电热熔工具承插连接，热熔连接 24h 后方可进行水压试验。

（2）在 PP-R 管与金属管或用水器具连接处，应采用螺纹或法兰连接。

9.7.4 给水管熔接：

水管与管件的连接端面和熔接面应清洁、干净、无油污。加热时，熔接温度宜控制在 270 ~ 290℃，水管与管件应同时进行，水管应无旋转地将管端导入加热套内，插入到已标志的连接深度；管件应无旋转地推到加热套上，并达到规定深度标志处，并一次到位。加热、加工及冷却时间应符合要求。

采用 PP-R 给水管线热熔焊接施工实景如图 9-7 ~ 图 9-12 所示。

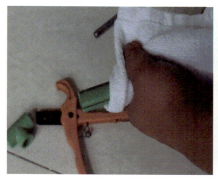

图 9-7 将管材清理干净

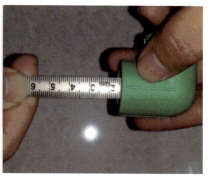

图 9-8 测量管件热熔插接深度

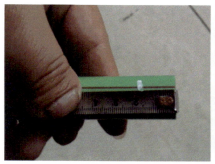

图 9-9 标记管材热熔承插深度

图 9-10 给水管加热、吸热

图 9-11 水管迅速插入管件内

图 9-12 管路热熔焊接完成

9.7.5 顶面管路安装：

明露在吊顶（顶棚）内的冷、热水管应做保温绝热处理（给水管的冷水管道一律采用热水管施工），冷热水管采用分色保护套绝热保温。顶面一般情况下边熔接、边保温、边安装，熔接动作应干净利落，安装时用相应规格的吊卡将给水管固定牢固，吊顶内明敷的水管，不应使用墙卡或墙钩贴墙走管固定，不得将给水管固定（捆扎）

在排水管（件）上。

9.7.6 墙面管路安装：

墙面给水管除与顶面连接处以外，其他熔接口应熔接完成后再安装，给水管在墙槽内用墙钩固定，如采用水泥砂浆固定时，应避开熔接点。

9.7.7 住宅厨、卫冷、热水管回路（图9-13）及卫生间冷、热水管路末端（图9-14）安装：

住宅装修给水管路的热水管，走向连接与无回水系统有很大的区别，需对整个给水系统统筹考虑，在给水系统布置定位时，应掌握以下几个要点：热水主管一路敷设到位，热水支管长度不宜过长，避免热量损失；回水管起端从热水主管最末端开始，通过循环泵回到供水加热器处为止；回水管中途无三通，一路到底。

图9-13　热水管回路示意　　　　图9-14　冷、热水管路末端

9.7.8 安装施工注意事项：

（1）给水管不得剧烈撞击，不得与尖锐物品接触，禁止抛、摔、滚、拖现象的发生，不得在露天场所存放，防止阳光直射造成材质老化。

（2）在使用前，应仔细检查给水管（配件）是否存在破损、开裂或变形，检查管内是否有异物堵塞，不得使用有问题隐患的水管（配件）。

（3）水管切割应使用管子剪，不得采用钢锯锯断水管的方法。裁剪水管时，不得将切割刀片垂直于水管轴线。管口的毛边和毛刺应及时清除，保证管端面平整、光洁。

9.8 排水管路改造施工

9.8.1 排水管道设置主要要求：

（1）排水管横向支管道应据管径大小向主立管处倾斜。保证下水顺利排出。

（2）直径 50mm 排水管坡度宜为 1.2% ~ 2.5%。

（3）直径 75mm 排水管坡度宜为 0.8% ~ 1.5%。

（4）直径 110mm 排水管坡度宜为 0.6% ~ 1.2%；应确保排水畅通，不倒坡。

9.8.2 排水塑料管道支吊架安装要求：

使用直径 50mm 管时间距应为 500mm，直径 75mm 管时间距应为 750mm，直径 110mm 管时间距应为 1100mm。

9.8.3 当排水管表面可能结露时，宜采取防结露措施。

9.8.4 厨卫排水地漏安装（图 9–15）必须按国家规范要求进行。污水、雨水分流制排水管道系统的各类管道不得相互错接，流入不同地漏及排水口。

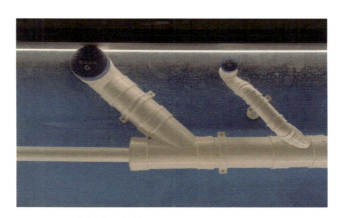

图 9–15 排水地漏安装

9.9 给水排水管路改造质量检查验收

9.9.1 卫浴设备的冷、热水管安装应左热右冷，平行间距应与设备接口相匹配，连接方式应安全可靠、无渗漏。

9.9.2 暗敷排水立管的检查口应设置检修门。

9.9.3 明敷室内塑料给水、排水立管距离灶台边缘，应有可靠的隔热间距或保护措施。

9.9.4 给水排水管材及配件应采用相同材质产品，塑料给水管材及配件应采用同厂家的材料。

9.9.5 厨卫给水排水管路、设施布置（图9-16）及配件，应完好无损伤，接口应严密，角阀、龙头应启闭灵活，无渗漏，且应便于检修。

9.9.6 厨房、卫生间给水管道施工后，需采用专用手动试压泵（图9-17），进行给水管打压试验，试验压力通常为工作压力的1.5倍，并不小于0.6 ~ 0.8MPa，稳压时间30min。

图9-16 给水排水管路、设施布置　　　　图9-17 手动试压泵

9.9.7 热水管道保温措施及材料选用应符合要求，保温材料应包裹严密、紧贴管道，不应存在漏包、松脱等缺陷。

9.9.8 卫生器具排水配件应设存水弯，不得重复设置水封。存水弯放置平整，水封高度没过U形两端口。

9.9.9 设置中水管道系统的住宅，中水管道不得与其他供水管道连接；采用中水系统的便器供水管道，应在进出水端进行独立标识，且安装有洁身器的便器不应与中水管道连接。

抹灰工程与防水工程施工

10.1 抹灰工程适用范围及施工准备

老墙面拆除后，修复抹灰。砌体表面抹灰及混凝土表面抹灰（主要应用于厨房、卫生间、地下室的墙面抹灰）。

10.1.1 现场准备：

（1）装饰层铲除至原结构层。

（2）断桥铝外窗框安装完毕且密封合格。

（3）水电或其他各种管线已安装完毕，并验收合格。

（4）线槽、废弃孔洞（包括脚手架孔洞）使用水泥砂浆填堵密实，且已经干燥。

（5）各类预留口、预留洞以盖板临时封堵，并作出标识。

10.1.2 材料准备：

（1）水泥砂浆配比为 1 ： 2.5。

（2）塑料膨胀螺钉、钢丝网。

（3）所有材料必须检验合格方能使用，材料存放应符合相应规定。

10.1.3 工具准备：

（1）搅拌工具：电动搅拌器、拌料桶、灰槽、水桶。

（2）手动工具：托板、抹子、灰铲、刮杠、滚筒、笤帚、白线、墨斗。

（3）电动工具：电锤、电批。

（4）检测工具：2m 靠尺、铅锤、水平尺、直角尺、激光旋转水平仪。

10.1.4 常规工艺流程：

基层处理→拉毛→放线（冲筋）→制备水泥砂浆浆料→水泥砂浆抹灰→分项验收。

10.2 抹灰施工工艺要点

10.2.1 基层处理应符合下列规定：

（1）砖砌体，应清除表面杂物、尘土，抹灰施工前应洒水湿润准备。

（2）混凝土面层，表面应凿毛并洒水润湿后涂刷 1：1 水泥砂浆（视情况加适量胶粘剂）。

（3）加气混凝土轻体砖，应在湿润后刷界面剂。

（4）抹灰工程应分层进行，当抹灰总厚度大于或等于 35mm 时，应采取加强措施。不同材料基体交接处表面的抹灰，应采取防止开裂的加强措施，当采用加强网时，加强网与各基体的搭接宽度不应小于 100mm。

（5）蒸压加气混凝土砌块基层抹灰平均厚度（灰口厚度）宜控制在 15mm 以内。

10.2.2 抹灰层宜采用水泥：中砂 =1：2.5。拌均匀，按静止时间进行熟化。按墙面、地面依次批挂完成。墙面挂网后进行抹灰施工（图 10-1），将抹灰层赶平压光（图 10-2）。

图 10-1　挂网墙面进行抹灰施工　　　　图 10-2　抹灰层赶平压光

10.3　抹灰前界面检查

10.3.1 各类抹灰界面基层表面应清理洁净，不应存在尘土、泥浆、污垢、油渍、掉粉、脱落等缺陷。

10.3.2 混凝土、各类板材或砌块表面的墙顶面，界面处理应符合设计要求，混凝土界面应进行表面凿毛及界面剂处理，涂刷墙固，表面处理应均匀一致。

10.3.3 使用专用墙固、地固（界面剂）进行处理时，每平方米用量、比例及与面层结合时间应符合产品说明书的要求。（界面处理剂）涂刷均匀、洁净、粘结牢固，不应存在漏涂、透底、起皮等缺陷。

10.3.4 使用其他界面剂进行施工时，材料用配比、用量、厚度等应符合产品说明要求。

10.3.5 采用墙固、地固（界面剂）施工时其品种、规格、有害物质限量等要求及粘结等各项性能应符合有关标准的规定；材料外观应完好，生产日期符合产品质保时间要求。

10.4 抹灰层施工质量检查

10.4.1 抹灰层表面外观应平整、洁净、光顺、接槎平整、阴阳角顺直，设备管道、散热器等可见背面设施的抹灰表面无遗漏。

10.4.2 孔洞、槽、盒周围的抹灰表面边缘整齐、密实；门窗框与墙体的缝隙应填塞饱满，表面平整。

10.4.3 圆、弧形等造型柱、墙面抹灰表面应外形符合要求，表面平顺、无波浪。

10.4.4 有排水要求的部位应做滴水线（槽），滴水线（槽）应整齐、顺直，滴水线应内高外低，滴水槽的宽度和深度应满足使用要求。

10.4.5 水泥砂浆抹灰层应在抹灰 24h 后进行养护。抹灰层在凝结前，应防止快干、水冲、撞击和振动。

10.4.6 管线开槽后，补槽材料应符合设计要求，应采取防止开裂的加强措施，加强层距开槽各面覆盖宽度不应小于 100mm。

10.4.7 抹灰层与基层之间及各抹灰层之间必须粘结牢固，无空鼓，不应存在脱落、开裂、爆灰等缺陷。普通抹灰每处空鼓面积不应大于 0.04m²，且每自然间不应多于 2 处，高级抹灰应无脱层。

10.4.8 室内墙面、柱面和门洞口等的阳角，常规做法宜做暗护角。

10.4.9 抹灰工程外观表面常规允许偏差和检验方法如表 10-1 所示。

抹灰工程的允许偏差和检验方法 表 10-1

项次	项目	允许偏差（mm）			检验方法
		普通抹灰施工	高级抹灰施工	柱体	
1	立面垂直度	4	2	2	用 2m 垂直检测尺检查
2	表面平整度	4	2	1	用 2m 靠尺和塞尺检查
3	表面水平度	顺平	3	—	用尺量和水平标线仪检查
4	阴阳角方正	—	2	1	用 200mm 直角检测尺检查

10.5 防水适用范围及施工准备

适用于室内屋顶、阳台、卫浴、厨房等防水工程。

10.5.1 施工准备：

（1）墙地面的水泥砂浆找平层施工完毕，经过验收。

（2）墙地面表面清洁、干净、无积水。

10.5.2 材料准备：

家装装饰专用防水材料、无纺布等。

10.5.3 工具准备：

（1）搅拌工具：电动搅拌器、拌料桶、灰槽、水桶。

（2）手动工具：滚刷、鬃刷、壁纸刀、剪刀、刮板、小塑料桶。

10.5.4 施工流程：

基层清理及养护→（粘贴防水附加层）→制备防水浆料→涂刷第一层防水膜→涂刷第二层防水膜→封闭现场养护→闭水试验（验收）→保护。

10.6 防水施工工艺要点

10.6.1 水泥砂浆基层找平层施工完成面：

（1）做防水施工的楼地面基层向地漏方向应有找坡，阴阳角应作圆弧处理。

（2）采用混凝土做找坡层的，混凝土最薄处的厚度宜不小于30mm；采用水泥砂浆做找平层的，砂浆最薄处的厚度宜不小于10mm。

（3）卫生间、厨房等部位门槛石底部挡水坎台，应预先剔除表面的砂浆浮浆。

10.6.2 细石混凝土孔洞封堵应密实、牢固、平整，不得有起砂、开裂、蜂窝、疙瘩等缺陷。

10.6.3 防水砂浆施工要点：

（1）防水砂浆施工的基面应平整，不应有空鼓、起砂和蜂窝、麻面等缺陷。

（2）基面不应有明水，防水砂浆的基面宜作界面处理。

（3）防水砂浆的配合比应满足文件要求；防水砂浆应采用机械搅拌均匀，现场随拌随用。

（4）防水砂浆宜连续施工，施工完毕后按产品要求进行养护。

10.6.4 防水涂料施工要求：

（1）在施工现场配制的防水涂料，双组分涂料应按配比要求进行配制，并应使用机械搅拌均匀，不应有颗粒悬浮物。

（2）施工前，宜采用与防水、防潮涂料配套的基层处理剂；基层处理剂应涂刷均匀，不漏涂、不堆积。

（3）防水涂料采用薄涂多遍涂刷（图10-3），前后涂刷方向应相互垂直交叉，后一遍防水涂料应在前一遍实干后再施工，涂膜应均匀，不漏涂、不堆积；涂刷遍数不宜少于三遍。

图 10-3　防水涂料薄涂多遍涂刷

10.6.5　施工宜先涂刷墙面，后涂刷地面。

10.6.6　水电开槽槽内应满刷防水涂料。

10.6.7　厨房地面宜作防水处理，地面满做，则应往墙面上翻延伸 300mm 高。

10.6.8　卫生间墙体涂刷高度不低于 2m（图10-4）。

图 10-4　卫生间墙体防水高度 2m

10.7 防水施工作业面检查

10.7.1 墙地面水泥砂浆找平层与基层结合应牢固密实，表面应平整、搓毛，管道开槽处应使用水泥砂浆修补平整，不得有空鼓、起砂、开裂、蜂窝、麻面、疙瘩等缺陷；立管根部和阴阳角应作圆弧形处理。常规墙面采用刚性防水材料，地面采用柔性防水材料，阴角涂刷堵漏王防水材料（图 10-5）。

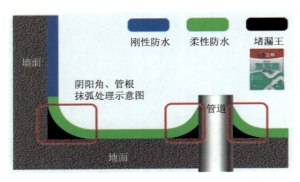

图 10-5 涂刷防水材料示意图

10.7.2 找平层坡度应符合设计要求，无设计要求时，泛水坡度宜为 1% ~ 2%，排水应畅通，局部不得积水。采用泼水观察、用坡度尺检查。

10.7.3 保护层强度、厚度应符合设计要求，表面应平整、密实，不应存在空鼓、起砂、开裂、疙瘩等缺陷。

10.7.4 地面水泥砂浆找平层、保护层表面平整度的允许偏差不应大于 4mm。用 2m 靠尺和楔形塞尺检查。

10.7.5 地面应使用聚合物砂浆或细石混凝土抹制挡水槛，挡水槛位置、厚度、规格应符合要求，不应存在松动、空鼓、起砂、开裂等缺陷。采用观察、尺量、小锤敲击检查。

10.8 防水层施工验收

10.8.1 防水层表面应平整，涂层均匀、无漏底，不应存在流坠、疙瘩、气泡、皱折、开裂、翘边等缺陷。

10.8.2 防水层与管根、洁具底座、地漏、排水口、转角、阴角等连接处应接缝严密，不渗漏，防水层的细部构造应符合设计要求，检验用蓄水试验。

10.8.3 地面排水坡度不应存在倒坡、积水等缺陷，采用泼水检查。

10.8.4 有防水要求墙面防水层高度应不低于 2000mm。

10.8.5 涂膜防水层采用玻纤布等材料进行局部增强处理时，应顺排水方向搭接，不得有分层、空鼓、开裂等缺陷，搭接宽度应符合设计要求。

10.8.6 地面整体防水层施工前应采用"管不漏"防水材料，对墙、地面四周的阴角及各排水管管口进行防渗漏增强涂刷施工。

10.8.7 地面整体防水层应从地面整体延伸到墙面，延伸高度 300mm；与墙面防水层交接的阴角部位，应作两遍以上的加强防水施工处理。

10.8.8 防水层采用密封材料进行局部增强处理时，密封材料的嵌填宽度和深度应符合设计要求；嵌填应密实、连续、饱满，粘结牢固，无气泡、开裂、脱落等缺陷。

10.8.9 防水层不应渗漏，蓄水试验应符合下列规定：

（1）防水工程宜做两次蓄水试验。

（2）蓄水试验不少于 48h，蓄水深度不应低于地面最高处 20mm，试验后检查相邻墙体和楼板下层应无潮湿、无渗漏、无新水渍痕迹，防水层表面良好，不应存在开裂、粉化、起泡等缺陷。

10.8.10 注意事项：

当墙面、地面均有防水层施工项目时，先进行墙面防水层施工，再进行地面防水层施工，墙面有无防水层施工项目时，地面防水层都应在墙根部位上翻 300mm 高度，卫生间门口先安装过门石再做防水后进行地砖铺贴。

瓦工与油工工程施工

11.1　瓦工工程适用范围及施工准备

适用范围：采用釉面砖、抛光砖、瓷质砖、玻化砖、微晶石砖、陶瓷锦砖、陶瓷大板、瓷砖岩板、地面砖铺贴工程（含湿贴/薄贴工艺）。

11.1.1　施工准备

（1）复杂铺贴瓷砖，有设计师或客户签认的排砖图，包括留缝尺寸、破砖位置、墙地砖相对位置等；常规铺贴按公司展厅体验馆，瓷砖展示样板墙施工。

（2）预埋的各种管线到位，并经过隐蔽验收，穿过墙地面的管道安装完毕，根部处理平整，预留孔洞填堵密实。

（3）厨房防潮、卫生间防水满刷并经过专项验收。

（4）卫生间地面防水经过闭水试验合格，排砖线放置完毕。

（5）主要材料进场并经过验收，墙地砖、石材等进场并进行选砖。

11.1.2　辅料准备

（1）水泥、砂子及专业瓷砖胶粘剂，根据瓷砖尺寸、吸水率及基层状况等，选择相应的辅料。

（2）专业防霉填缝剂、中性硅酮密封胶、美纹纸胶带。

11.1.3　工具准备

（1）电动工具：角磨机、云石机、电动搅拌器。

（2）手动工具：铝靠尺、锯齿镘刀、笤帚、白线、墨斗、玻璃胶枪、滚刷、拌料桶、灰槽、水桶。

（3）检测工具：2m 靠尺、线坠、直角尺、水平尺、水平管、激光旋转水平仪。

11.1.4　施工流程

基层处理→精准放线、预排砖→选砖→浸砖→水泥、砂子或瓷砖胶粘剂制备→分区铺贴→养护→勾缝→清理。

11.2　墙面砖铺贴

11.2.1　墙面施工要求

（1）墙面铺装工程应在墙面水、电工程及设备预埋件安装等隐蔽工程验收合格后进行。

（2）有防水要求的墙体，防水工程验收合格后方可进行安装。

（3）出水点、线盒、开关和插座等设备开孔使用专用设备及开孔器。

（4）墙饰面与电器检修口周围的衔接应严密、无明显缝隙。

11.2.2　施工要点

（1）墙面砖铺贴前应进行挑选，吸水率大于6%的墙砖应预先浸水，铺贴前应晾干表面水分。

（2）铺贴前应进行放线定位和排砖，非整砖应排放在次要部位或阴角处。

（3）铺贴前在瓷砖背面应满批胶凝材料，板块背面的胶泥与墙面胶泥的表面都应用锯齿镘刀拉成锯齿条状。非吸水砖应在瓷砖背面滚涂背胶。

（4）瓷砖相互间预留的缝隙宜不小于2mm；单块规格大于600mm×600mm（或面积大于0.36m^2）时，预留的缝隙宜不小于3mm。

（5）铺贴时应将缝隙内的胶粘剂清理干净，不能出现假缝现象。

（6）墙面砖铺贴完成后，贴好管线走向标色，做好保湿保护工作；14d内不宜进行填缝，不宜进行敲击或振动。

（7）墙面基层清理干净，更换窗户后，窗台、窗套等修补工作已完成，墙基有一定的保湿度。

（8）大面积铺贴及斜铺、拼花施工前应先放样、弹线做排版图，并确定施工工艺，做好交底工作。

11.2.3　注意事项

（1）基层处理：基层为混凝土墙面时，应将凸出墙面的混凝土剔平，将光滑墙面凿毛，浇水湿润。

（2）界面处理：墙面基层满刷一道界面剂。如为高致密不吸水砖时，应在砖的反面刷涂背胶。

（3）排砖、弹线分格：按要求进行分段分格弹线、拉线，以便于控制出墙尺寸及垂直、平整度。

（4）根据墙面尺寸，应注意砖与开关、插座、龙头等点位的对齐、对缝、对应关系。每面墙不宜出现两列非整砖，非整砖的宽度宜不小于原砖的1/3。

（5）浸砖：将砖背面清扫干净，放入净水中浸泡 1 ~ 2h，取出待表面晾干或擦干净方可使用，泡水砖经切割后应清理干净后方可铺贴。

（6）镶贴面砖：在面砖外皮上口拉水平通线，作为镶贴的标准；结合层的粘贴厚度根据砖的大小规格不同而定，以 6 ~ 10mm 为宜（薄贴法以 3 ~ 5mm 为宜），粘贴后用橡皮锤轻轻敲打，到挤出浆液为宜，附线后，用相应的十字卡扣等调整砖缝，并用靠尺通过标准点调整平整和垂直度；铺贴过程中需及时清理砖缝内及砖表面的残留砂浆。

11.2.4　陶瓷大板铺贴工艺

目前，生活中已多采用陶瓷大板代替中型规格的瓷砖。在大中型城市已逐步形成一种新的工艺趋势，现将常规工法介绍如下：

（1）陶瓷大板铺贴工程应在墙面、地面已完成找平并经验收合格后进行。

（2）陶瓷大板应使用专业铺贴工具配合进行施工。

（3）基层为非水泥基面的情况下，应根据不同基层的强度，对基层进行二次加固处理后再进行铺贴。

（4）大板铺贴应选用粘结强度 C2 标准以上，方便粘贴后调整的专用瓷砖胶粘剂。

（5）基面找平用的水泥强度等级宜不低于 32.5R，砂子宜用河砂。

11.3　墙饰面质量检查验收

11.3.1　饰面砖铺设质量

（1）饰面砖接缝宽度应满足设计要求，无明确要求时宜不大于 2mm 且宽窄均匀。

（2）饰面砖图案、拼法应符合双方商定的方案和常规要求。

（3）饰面砖表面应平整、洁净、色泽协调一致、无划痕。

（4）饰面砖宜与相邻的孔洞、槽、盒、出（排）水口等表面保持在一个平面，开孔尺寸应符合饰面产品安装要求，切割边缘应整齐。

（5）墙面异形构造如壁龛等凹凸物周围的饰面砖，裁切尺寸精确一致，阳角对缝严密。

11.3.2　墙饰面砖粘贴的允许偏差和检验方法（表 11-1）

墙饰面砖粘贴的允许偏差和检验方法　　　　　　　　　　表 11-1

项次	项目	允许偏差（mm）		检验方法
		普通饰面砖工艺	高级饰面砖工艺	
1	立面垂直度	2	2	用 2m 垂直检测尺检查
2	表面平整度	3	2	用 2m 靠尺和楔形塞尺检查

续表

项次	项目	允许偏差（mm）		检验方法
		普通饰面砖工艺	高级饰面砖工艺	
3	阴阳角方正	3	2	用200mm长的阴阳角方正尺检查
4	接缝高低差	0.5	0.5	用钢直尺和楔形塞尺检查

11.4 地面砖铺贴

11.4.1 地面施工要求

（1）铺贴前应对地面基层作界面处理。

（2）有浸水要求的地面砖、陶瓷锦砖等材料铺贴前应预先浸泡，铺贴前应晾干、无明水。

（3）地面防水层已完成，室内墙面湿作业已基本完成。

（4）地面厨卫排污管检查无二次堵塞。做好适当保护。

（5）楼地面找平层已完成。穿楼地面的管洞已经堵严塞实。

（6）地面砖应预先用水浸湿（不吸水砖除外），铺设时表面无明水。

（7）复杂的地面施工前，应进行深化排版设计，明确波打线定位基准、拼花施工大样图及起铺点，经审核确认后实施。

11.4.2 地面砖铺贴工艺要点

（1）基层处理、定标高：将基层表面的浮土或砂浆铲掉，清扫干净，有油污时，应用10%的火碱水刷净，用清水冲洗干净。以放样水平线为基础复核完成面标高。

（2）弹控制线：根据排砖图及缝宽在地面上弹纵、横控制线；注意该十字线与墙面抹灰时控制房间方正的十字线是否对应平行，同时注意开间方向的控制线是否与走廊的纵向控制线平行，不平行时应调整。避免在门口位置的分色砖出现大小头，小块分色砖置门后或平行线对应隐蔽处。

（3）排砖原则：开间方向要对称（垂直门口方向分中）；切割块尽量排在远离门口及隐蔽处；与走廊的砖缝尽量对上，对不上时可以在门口处用石材门槛分隔；有地漏的房间应注意坡度、坡向。

（4）吸水性陶瓷砖的浸泡时间，宜控制为 1 ~ 2h；浸泡至砖体不再冒小泡为准。

（5）铺贴瓷砖：搅拌好半干硬性砂浆，配合比为 1∶3，应随拌随用，初凝前用完，防止影响粘结质量；干湿性程度以手捏成团，落地松散为宜。在经济条件许可时，宜采用预拌砂浆产品。首先应试铺地砖、实测标高（图11-1）。铺贴时，砖的背面朝上抹粘结砂浆，用橡皮锤拍实或采用振动机振实，顺序从内往外边退边铺贴，做到面砖砂浆饱满、相接紧密、结实。厨房、卫生间的地砖铺设，一间应一次性完成。客餐厅宜用半干硬性砂浆铺贴（图11-2）。

图 11-1　试铺地砖、实测标高　　　　图 11-2　客餐厅宜用半干硬性砂浆铺贴

（6）瓷砖相互间预留的缝隙宜不小于 1.5mm；单块规格大于 800mm×800mm（或面积大于 0.64m² ）时，预留的缝隙宜不小于 2mm。

（7）调缝修整：铺完二至三行，应随时拉线检查缝格的平直度，如超出规定应立即修整，将缝调直，并用橡皮锤拍实。此项工作应在结合层凝结之前完成。

（8）养护：铺完砖 24h 后，待表面层干透后进行成品面保护。

11.4.3　注意事项

（1）地砖切割作业时，应设置临时专用加工区，不得在刚铺贴好的砖面层上操作。

（2）刚铺贴地砖宜 48h 后，方可上人进行操作，但应注意铁管等硬器不得碰坏砖面层，喷浆时要对面层进行覆盖保护。

（3）有地漏的房间倒坡：主要原因是做找平层砂浆时，没有按要求的泛水坡度进行弹线找坡；在找标高，弹线时找好坡度，抹出泛水坡度。

11.5　地面砖质量检查验收

11.5.1　地面砖铺贴质量要求

（1）地面层与下一层的结合（粘结）应牢固，无空鼓。

（2）地砖面层的表面应洁净、图案清晰，色泽一致，接缝平整，深浅一致，周边顺直。板块无裂纹、掉角和缺棱、划痕等缺陷。

（3）地面层邻接处的镶边用料及尺寸应符合设计要求，边角整齐、光滑。

（4）用水区域的地面面层表面的坡度应符合设计要求，不倒泛水、不积水，与地漏、管道结合处应严密、牢固、无渗漏，地砖与墙根部之间用砂浆填实压光。

11.5.2　水泥砂浆找平层检查（为铺设地板作基层准备）

（1）找平层的标高、厚度应符合要求，无设计要求时，砂浆面层厚度不宜小于30mm。

（2）水泥砂浆找平层配比应符合要求，安装地暖管的填充层应采用豆石混凝土。

（3）水泥砂浆找平层表面不应存在起砂、开裂、起皮等缺陷。

（4）水泥砂浆面层应平整、洁净，接槎平整，表面压光，允许少量轻微细裂纹。

（5）当卫生间地砖采用干浆铺贴法，找平（找坡）时应设置干浆层排水地漏或其他排积水措施。

11.5.3　地砖粘贴检查验收

（1）粘贴瓷砖面层留缝大小应符合要求，无设计要求时，留缝不宜小于2mm，宽窄一致；纵横交叉处应平直，无明显错台错位。

（2）粘贴瓷砖表面不应存在裂痕、划痕，无缺棱、崩角、翘曲等缺陷。

（3）粘贴瓷砖面层应平整、洁净，色泽协调一致。

（4）重点检查卫生间铺贴地砖（图11-3）质量，厨房铺贴地砖（图11-4）质量。

图11-3　卫生间铺贴地砖　　　　　图11-4　厨房铺贴地砖

（5）粘贴瓷砖面层的拼花、对缝、部品摆放等排砖方案应符合设计要求和产品图案的要求，常规地面瓷砖在门边宜采用整砖，非整砖不宜小于整砖面积的1/3。

（6）地漏部位瓷砖的拼贴、对缝等细部构造应符合要求，与地漏连接接缝均匀、

平整、无错台，且与地漏（排水管道）结合处严密、牢固、无渗漏，地漏表面洁净、无污染。

（7）粘贴瓷砖面层与槽、盒、出（排）水口、边角等周围宜采用整砖套割，表面边缘缝隙整齐。

（8）粘贴瓷砖面层在门口、台阶踏步及与其他材料交接处、接缝方式、图案等细部构造应符合要求，无明显错台错位，边角接缝整齐、平直。

（9）客餐厅地面，多采用大规格瓷砖，或用瓷砖大板，应注意检查瓷砖砖缝是否均匀一致，没有碰伤边角。

（10）检查美缝剂勾缝是否美观顺直，缝隙大小一致。瓷砖的十字通缝高低差，是否符合陶瓷大板铺贴地砖的平整度要求。按规定宜用靠尺，选择房屋 3～4 处，重点检查。

（11）当前，各中式客餐厅铺贴高光抛光砖（图 11-5）和瓷砖大板砖较多。在实际铺贴中，一定要注意成品保护。同时，阳台欧式仿古砖（图 11-6）用得也不少，对划伤瓷砖釉面非常敏感。在整个施工过程中，由于铺贴瓷砖工序比较靠前，需提醒施工人员，以及后续分项工程施工人员，一定要注意避免划伤、损坏瓷砖釉面。

图 11-5　客餐厅铺贴地面高光抛光砖　　　　图 11-6　阳台欧式仿古砖

11.5.4　地面铺贴工程质量允许偏差和检验方法（表 11-2）

地面铺贴工程质量允许偏差和检验方法　　　　表 11-2

项次	项目	允许偏差（mm）	检验方法
1	表面平整度	≤ 2	用 2m 靠尺、塞尺检查
2	表面水平度	≤ 2	用尺量和水平标线仪检查
3	接缝高低差	≤ 0.5	用钢直尺、塞尺检查

11.6　批挂石膏、腻子适用范围及施工准备

适用于室内墙面批挂粉刷石膏、批挂耐水腻子施工项目。

11.6.1　施工准备

（1）水泥墙面已坚实、无空鼓，其他装饰层铲除干净，接近原结构层。

（2）门窗框安装完毕且密封合格。水电或其他各种管线已安装完毕。

（3）线槽、老旧空调孔洞用水泥砂浆填堵密实，且已经干燥。

（4）各类预留口、预留洞为盖板临时封堵，并作出标识。所有成品、半成品的保护严密、彻底。

11.6.2　材料准备

（1）底层粉刷石膏、耐水腻子。

（2）玻纤网格布（网眼 4mm×4mm），塑料膨胀螺钉。

11.6.3　工具准备

（1）搅拌工具：电动搅拌器、拌料桶、灰槽、水桶。

（2）手动工具：托板、抹子、灰铲、刮杠、滚筒、笤帚、白线、墨斗。

（3）电动工具：电锤、电批。

（4）检测工具：2m 靠尺、铅锤、水平尺、直角尺、水平管、激光旋转水平仪。

11.6.4　工艺流程

（1）基层清理→刷墙固→制备粉刷石膏→（依据情况嵌入墙面网格布）→粉刷石膏批刮→防开裂处理→做阴阳角→满刮二遍找平腻子→修补一遍腻子→照光打磨→分项验收。

（2）石膏板面腻子施工工艺流程：螺钉防锈处理→嵌缝→贴施乐纸→做阴阳角→光面腻子统批、满批→照光打磨→分项验收。

11.7　批挂施工工艺

11.7.1　施工工艺要点

（1）施工时应执行"先顶后墙"分部施工原则，交界处设置 50mm 宽美纹纸隔离带，对其他面层进行保护。

（2）选用滚涂式施工时，滚筒顺着一个方向滚涂；涂饰应均匀，不得有漏涂、透底等现象。

（3）基层处理：对原墙、顶面的抹灰层进行全面检查，无起皮、松动等。将残留

在基层表面上的灰尘、污垢、溅沫和砂浆流痕等杂物清除扫净，将原墙腻子等铲除干净。

（4）用墙固（界面剂）对老基底墙面、顶面作一次界面处理，已完成该工序的，可不重复施工。

（5）对石膏板顶面防锈、防开裂处理：自攻螺钉用纯防锈漆点涂或用防锈腻子批嵌。管线槽可采用抗裂布处理。石膏板之间的接缝、石膏板与墙面的接缝可采用网格带接缝。

（6）做阴阳角：所有阳角部位宜采用 PVC 护角条镶嵌，安装平整顺直。

（7）墙顶面找平：采用腻子对墙顶面的内凹部位及顶面的低洼部位进行找平处理，同时对墙面进行挂网处理，顶面找平超出 20mm 需挂网或进行石膏板找平处理。

（8）光面腻子统批：统批腻子一般为二遍成型。具体操作方法为：第一遍用大板满批，第二遍用泥刮满批，安装门套和地脚线的部位及有其他产品的接口部位用 2m 长铝合金靠批拉直。

（9）将墙面等基层刮平收光，干燥后用细砂纸磨平磨光，用灯照光验批，有条件时在晚上用灯光进行检查，确保墙面、顶面平整。最后一遍打磨应与光源照射方向一致，灯光照射时不得出现波浪或阴影。

（10）石膏板面可直接批刮光面腻子，一般二遍成型，以在室内灯光照射时不得出现波浪或阴影为基准。

11.7.2　注意事项

（1）新砌墙应待抹灰层干燥后，方可进行批刮腻子工作，否则会导致墙面湿气不易挥发，腻子干透更加缓慢。

（2）遇到木工板、密度板、多层板等制作的产品需要批刮腻子的，全部用油性腻子批刮并打磨成型。不得直接使用水性腻子，以防木质材受潮膨胀、脱层、变色。

（3）外露阳台为墙面乳胶漆时，应采用防水腻子施工，其他要求及流程相同。

（4）按照"宜薄不宜厚"的原则，找平腻子一次性批刮最大厚度不应超过 10mm，光面腻子一次性批刮不宜超过 3mm。每一遍腻子批刮的间隔时间不宜太短，待前一遍腻子七八成干后再批第二遍。

（5）墙面腻子与踢脚线安装结合部位、墙面腻子与成品门套安装结合部位、墙顶面与其他后安装产品（家具、背景）结合部位的直线度、垂直度及水平度一定要符合要求，并作重点检查。

11.8　面层腻子施工质量检查验收

11.8.1　质量检查

（1）面层腻子找平层与基层之间应粘结牢固，不应存在脱层、空鼓等缺陷。

（2）面层腻子找平层厚度应符合设计要求，无设计要求时，腻子找平层厚度不宜大于 3mm。

（3）面层腻子找平层表面不应存在蜂窝、气孔、掉粉、开裂等缺陷。

（4）面层腻子找平层表面应平整、洁净、接槎平整、阴阳角顺直，设备管道、散热器等可见背面设施的抹灰表面无遗漏。

（5）孔洞、槽、盒周围的表面应边缘整齐、密实、无裂缝；门窗框与墙体的缝隙应填塞饱满，表面平整。

（6）圆、弧形等造型柱、墙面抹灰表面平顺、无波浪。

（7）腻子找平层表面应色泽一致、打磨均匀，不应存在灰层漏底、色斑等缺陷；允许少量砂眼、砂纸印痕，高级面层腻子找平层工艺大面应无砂眼、砂纸印痕。腻子接头不得留槎。

11.8.2　面层薄涂腻子找平允许偏差和检验方法（表 11-3）

面层薄涂腻子找平允许偏差和检验方法　　　　　　　表 11-3

项次	项目	允许偏差（mm）			检验方法
		普通腻子找平工艺	高级腻子找平工艺	柱	
1	立面垂直度	3	2	2	用 2m 垂直检测尺检查
2	表面平整度	3	2	1	用 2m 靠尺和楔形塞尺检查
3	表面水平度	顺平	3	—	用尺量和水平标线仪检查
4	阴阳角方正	—	2	1	用 200mm 直角检测尺检查

11.9　涂饰适用范围及施工准备

适用于住宅室内装修墙、顶面涂刷内墙涂料。

11.9.1　施工准备

（1）水电工、瓦工施工完毕，检查合格。

（2）墙、顶面找平方施工完毕，并经过验收且基层干燥。

11.9.2 材料准备

（1）乳胶漆（底、面漆）。

（2）砂纸、美纹纸等。

11.9.3 工具准备

（1）电动工具：电动搅拌机、气泵、喷枪。

（2）手动工具：壁纸刀、砂纸打磨架、滚刷、羊毛刷。

（3）检测工具：40W 日光灯、2m 靠尺、塞尺等。

11.9.4 选择乳胶漆涂装工具

（1）毛刷：采用质地较软的羊毛刷和合成纤维毛刷进行施工。可根据需要选用不同规格尺寸的毛刷，高品质毛刷具有以下特点：刷毛尾部分叉良好；尖端柔韧性好；刷毛有层次（四周短、中间长），刷毛不易脱落。

（2）滚筒：多采用合成纤维制作的中毛滚筒（毛长 10mm 左右）施工，能吸附较多的涂料，有合适的施工速度和平整度；长毛滚筒（毛长 16mm 左右）吸料多，涂层厚，漆面较为粗糙而很少使用，多用于涂刷粗糙的表面；短毛滚筒（毛长 4 ～ 7mm）多用于涂刷较为平滑的表面。

11.9.5 涂饰墙面乳胶漆工艺流程

墙面成品保护→涂刷第一遍底漆→墙面阴干→涂刷第二遍面漆→验收。

11.9.6 涂料施工工艺要点

（1）清理灰尘：乳胶漆施工为一底二面。涂刷前，应先对施工场地进行一次全面清扫，并清除顶棚、墙立面的浮灰再进行涂饰施工。

（2）抗碱底漆：施工时先用羊毛刷涂刷阴阳角，再用细毛滚筒纵横交叉全面滚刷，无漏滚、漏刷。

（3）压光处理：底漆滚涂后，刮一遍批墙膏进行压光，修补细小针孔，提高光洁度和总体感观度。批墙膏批刮方法：先将批墙膏搅拌均匀，用塑料批板压光一遍，操作时从上到下，从左到右，无漏刮、刮痕，干后用 800 号砂纸轻磨。

（4）采用全能底漆（图 11-7）、梦幻面漆（图 11-8）、乳胶面漆（图 11-9）：涂刷多采用滚涂方法施工，第一遍应用底漆涂刷，可达到抗碱性的目的，第二遍面漆在滚涂时应用羊毛刷进行排刷，确保最后成型的乳胶漆面层光滑细腻（注意：采用羊毛刷排刷时，每次滚涂面积不宜过大，在乳胶漆滚涂上墙面后，应马上用羊毛刷进行纵横排刷，动作要快，收手时为直排）。条件许可时应采取机械喷涂，喷涂具有易成膜、质感细腻、光滑、工作效率高等特点。

图 11-7　全能底漆　　　　图 11-8　梦幻面漆　　　　图 11-9　乳胶面漆

（5）成品保护：喷涂面漆前，应做好所有成品、半成品的保护工作。

11.9.7　注意事项

（1）涂饰应均匀，不得有漏涂、透底和局部重复涂饰等现象。

（2）阴角及上下口宜采用排笔刷涂找齐。

（3）有色涂料应在工厂运用电脑调色配置。

（4）涂饰施工时应注意通风、换气和防尘；施工人员应做好自我防护措施。

（5）涂饰工程开始前应对相邻部位的产品做好产品保护；若选用喷涂工艺施工，对相邻产品应进行全覆盖保护；使用的保护材料应具有防渗透、防掉色性能；对感应性电子产品宜给予临时性移除。

11.10　乳胶漆涂饰施工质量检查验收

11.10.1　住宅室内水性涂料涂饰工程应涂饰均匀、粘结牢固，不得漏涂、透底、开裂、起皮、反锈和掉粉。

11.10.2　水性涂料涂膜厚度均匀，涂刷接槎应无色差、无搭接痕迹，表面清洁、无污染。

11.10.3　水性涂料喷涂工程，应喷点均匀，喷点、喷花的突出点应手感适宜，不掉粒。

11.10.4　表面涂层与其他装修材料和设备衔接处应吻合，界面应清晰。

11.10.5　门窗、玻璃、五金、灯具表面应洁净，无涂层污染。

11.10.6　薄涂料表面涂层的涂饰质量和检验方法应符合表 11-4 的规定。

薄涂料表面涂层的涂饰质量和检验方法　　　　表 11-4

项次	项目	普通涂饰工艺	高级涂饰工艺	检验方法
1	颜色	均匀一致	均匀一致	观察
2	光泽	光泽基本均匀	光泽均匀一致	
3	泛碱、咬色	不允许	不允许	
4	裹棱、流坠、疙瘩	允许少量轻微	不允许	
5	砂眼、砂纸痕、刷纹	允许少量轻微砂眼、印痕、刷纹	无砂眼、砂纸痕、刷纹	

安装厨卫集成吊顶

12.1　安装集成吊顶准备

12.1.1　安装前对吊顶高度、吊顶内是否有吸油烟机排气管道、是否有燃气管道进行核实，应符合安装设计要求，不影响吊顶安装，且安装后能保证厨卫吊顶内各种管道发挥正常使用功能。

12.1.2　吊顶内是否有通向室外的排风洞口、排烟洞口。必要时可提前在洞口预先敷设管道，做好吊顶与厨卫设备排风、排烟管路的配合安装，做到互不干扰，设备使用功能无影响，管道无漏烟气现象。

12.1.3　吊顶内的管线、设备件不得吊固在龙骨上。机电管线、重型设备应采用独立吊杆支撑。

12.1.4　材料准备：主龙骨、三角龙骨、边龙骨、吊件、卡件、铝扣板、万能胶、密封胶等。

12.2　集成吊顶安装路线

弹线—安装吊挂件—龙骨安装—边龙骨安装—安装三角副龙骨—修正调平—铝扣面板安装—微调。

12.3　集成吊顶施工工艺

12.3.1　厨卫集成吊顶的安装步骤

（1）准备工作：确认厨卫空间水电线路改造完成并验收合格，准备好集成吊顶所需的材料和工具，包括扣板、龙骨、边角线、吊杆、螺栓等。

（2）测量弹线：用水平仪或墨斗在墙面上弹出吊顶的水平线，确定吊顶的高度位置，同时标记出龙骨的安装位置。

（3）安装吊顶边角线：沿着弹好的水平线，使用胶或螺栓将边角线固定在墙面上，确保边角线的水平度和垂直度。

（4）安装吊顶龙骨：根据扣板的尺寸，在顶棚上安装主龙骨和副龙骨，主龙骨通过吊杆与顶棚固定，副龙骨与主龙骨垂直连接，形成稳定的龙骨框架。

（5）安装吊顶扣板：将集成扣板按照设计图案和顺序依次扣在龙骨上，注意扣板的方向和拼接的紧密性，确保扣板安装平整。

（6）安装集成吊顶内的电器产品：浴霸、灯具、换气扇等电器设备，在扣板安装完成后，按照说明书的要求进行电器的安装和接线。

（7）安装自检：安装完成后，检查吊顶的平整度、扣板的拼接缝隙、电器的运行情况等，确保安装质量符合要求。

12.3.2　施工工艺要点

（1）吊顶龙骨安装工艺：主龙骨间距一般不超过1100mm，副龙骨间距根据扣板尺寸确定，通常为300～500mm。吊杆长度超过1.5m时，应设置反支撑，以增强龙骨的稳定性。

（2）扣板安装工艺：扣板安装时要轻拿轻放，避免变形。安装过程中要随时检查扣板的平整度，如有高低不平，及时调整龙骨或扣板。

12.3.3　安装厨卫集成吊顶、铝扣板（图12-1～图12-3）注意事项

图12-1　厨房集成吊顶（含灯　图12-2　卫生间集成吊顶（含　图12-3　铝扣板
具）　　　　　　　　　　　　浴霸）

（1）集成吊顶板块面层分格宜为整块，统一模数，灯具宜居板块中间布置，便于光照。

（2）安全事项：安装过程中要注意用电安全，确保工具和电器设备的电源线无破损。同时，在高处作业时要系好安全带，做好防护措施。

（3）材料选择：选择公司配送质量好、耐腐蚀、防潮的集成吊顶材料，特别是在

（5）地柜摆放好后应用水平尺校平，各地柜间及门板缝隙应均匀一致，确定无误后各个柜体之间应用连接件连接固定。门板应无变形，板面应平整，门板与柜体、门与门之间缝隙应均匀一致，且无上下前后错落。

13.4　橱柜台面安装

13.4.1　灶具和洗涤槽与台面相接处应用有机硅防水胶密封，不得漏水，并且灶具四周与台面相接处宜用绝热材料保护。

13.4.2　安装橱柜台面前，应先用水平尺检查已安装的地柜上表面是否水平。

13.4.3　现场安装台面时，先将垫板固定在地柜上，再安装台面。

13.4.4　安装橱柜前，可先了解安装橱柜台面高度、吸油烟机高度及相关尺寸（图 13-1）。台面应在台面的支撑垫板安装完毕后再安装。当台面与垫板、墙面之间连接存在问题时应进行修整，并应保证台面与墙壁（包括水管、墙角柱等）之间保留 3 ~ 5mm 的伸缩缝。

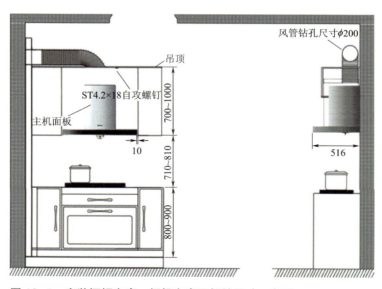

图 13-1　安装橱柜高度、烟机高度及相关尺寸示意图

13.5　灶具、炊具安装

13.5.1　橱柜上燃气灶具和炊具安装前应检验相关文件，不符合规定的产品不得

安装。检验文件应包括下列内容：

（1）产品合格证、产品安装使用说明书和质量保证书。

（2）产品外观的显见位置应有产品参数铭牌、出厂日期。

（3）应核对燃气种类、性能、规格、型号等是否符合设计文件的规定。

13.5.2 应根据灶具的外形尺寸对台面进行开孔。嵌入式灶具在台面下的开口周围应平滑，转角处为圆角的半径不应小于 6mm，转角处应采用板材托底加固处理。灶具表面距吸油烟机底面宜为 700mm。

13.5.3 嵌入式灶具在安装时应进行灶具隔热处理。

13.5.4 将燃气胶管扣套在接驳灶具下方的胶管接头上，应直至红色记号为止，应束紧胶管扣。燃气灶具的进气接头与燃气管道接口之间的接驳应严密，接驳部件应用卡箍紧固，不得有漏气现象，并应进行严密性检测。

13.5.5 橱柜上灶具、炊具安装要点：

（1）准备工作：检查灶具、炊具及配件是否齐全完好，确认安装位置，准备好安装工具。

（2）定位划线：根据灶具、炊具尺寸，在台面上准确划线定位，确定安装位置和开孔尺寸。

（3）台面开槽（如需）：按照划线进行开槽，注意槽的尺寸和精度，避免偏差。

（4）安装灶具：将灶具平稳放入开好的槽内，连接燃气管道，确保连接紧密，无泄漏。

（5）安装炊具：根据炊具类型，如烤箱、微波炉等，进行相应的固定和连接，接通电源。

（6）调试检查：检查灶具、炊具的各项功能是否正常，进行点火、温度调节等测试。

13.5.6 施工工艺：

（1）开孔工艺：使用专业的开孔工具，如石材切割机等，保证开孔边缘整齐，尺寸精准。

（2）连接工艺：燃气管道连接需使用专用管件，采用螺纹连接或卡套连接等方式，确保密封良好。电器连接要按照电气规范进行接线，保证接触良好，接地可靠。

（3）按安装说明书，详细了解橱柜灶具规格尺寸和橱柜台面开槽尺寸（图 13-2）。

图 13-2　橱柜灶具规格尺寸和橱柜台面开槽尺寸示意图

13.5.7　注意事项：

（1）安全第一：安装过程中务必切断燃气和电源，安装后要进行严格的泄漏检查和电气安全检查。

（2）尺寸匹配：灶具、炊具的尺寸要与台面开孔尺寸精确匹配，避免出现缝隙过大或安装不平稳的情况。

（3）通风良好：确保厨房有良好的通风条件，特别是安装燃气灶具时，要防止燃气积聚。

（4）台面开槽：安装人员应明确灶具、炊具的尺寸和安装要求，以便准确开槽。

（5）保护措施：开槽时要对台面周围进行保护，防止碎屑、灰尘污染其他区域，同时避免损伤台面。

（6）整理现场：开槽完成后，要清理干净槽内的杂物，检查槽的边缘是否光滑，如有毛刺要进行打磨处理，确保灶具、炊具能顺利安装。

13.6　吸油烟机安装

13.6.1　吸油烟机的中心应对准灶具中心，吸油烟机的吸孔宜正对炉眼。

13.6.2　安装有止回阀的排气道时，先检查止回阀工作状态，吸油烟机软管与排风道止回阀接驳处的密封应牢固。

13.6.3　吸油烟机的安装要点：

（1）确定位置：根据烟机类型及厨房布局，在墙上确定吸油烟机的安装位置，一般吸油烟机底部与灶具台面距离为 650 ~ 750mm。详见产品安装说明书。

（2）安装挂板：在确定好的位置上，使用冲击钻打孔，然后将挂板用膨胀螺栓固定在墙上。

（3）安装吸油烟机：将吸油烟机挂在挂板上，确保安装牢固，然后调整吸油烟机水平度。

（4）连接烟管：将烟管一端连接吸油烟机出风口，另一端通向室外或公共烟道，连接处用密封胶带密封好。

（5）安装装饰罩：将装饰罩安装在吸油烟机上，使其与吸油烟机和厨房整体风格协调。

13.6.4 施工工艺：

（1）打孔工艺：使用冲击钻准确打孔，孔的深度和直径要符合膨胀螺栓的规格，保证挂板安装牢固。

（2）密封工艺：烟管连接处要使用密封胶带或密封胶进行密封，防止漏烟。

（3）按安装说明书，详细了解吸油烟机规格尺寸和橱柜、吊柜配合安装情况（图 13-3）。

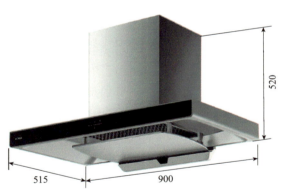

图 13-3 吸油烟机规格尺寸和橱柜、吊柜配合安装示意图

13.6.5 注意事项：

（1）安全操作：安装过程中要注意用电安全，避免触电。同时，在高处作业时要确保自身安全，使用合适的登高设备。

（2）预留空间：要考虑烟机的维护和清洁空间，周围不要有过多障碍物。

（3）预留插座：在烟机安装位置附近，提前预留好电源插座，一般为 10A 或 16A 的三孔插座，插座位置要方便吸油烟机插头插拔，且不能被吸油烟机或其他物品遮挡。

（4）线路连接：如果需要延长电线或更换插座，要由专业电工按照电气规范进行操作，确保线路连接正确、牢固，接地良好。

（5）注意功率：根据烟机的功率选择合适的电线和插座，避免因功率不匹配导致过载发热等安全问题。

13.7 洗涤槽给水排水接口与给水排水管安装

13.7.1 给水立管与支管连接处均应设一个活接口，各户进水应设有阀门。

13.7.2 洗涤槽排水管的安装应符合下列规定：

（1）应将洗涤槽的排水管接口及其附件安装好。

（2）将洗涤槽安装到台面上，洗涤槽与台面相接处应采用防水密封胶密封，不得渗漏水。

（3）应将洗涤槽的水龙头与给水管接口连接好。

（4）与排水立管相连时应优先采用硬管连接，并应按规范保证坡度。

13.7.3 洗涤槽给水排水管路安装要点：

（1）安装准备：检查洗涤槽、给水排水管及配件的质量和规格，应符合要求，包含给水软管（不锈钢波纹管或编织管），带存水弯的排水管（图 13-4）（ABS 材质，S 形或 P 形）和有防串味构造的排水管（图 13-5），密封胶圈、管卡等配件。

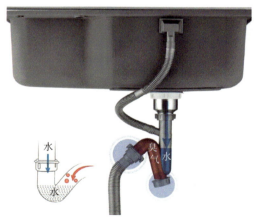

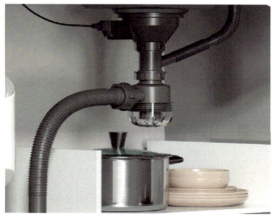

图 13-4　带存水弯的排水管　　　　图 13-5　有防串味构造的排水管

（2）洗涤槽的给水接口一般为 DN15（习惯称 4 分管），排水口接口多为 40mm 或 50mm 标准口径通向厨房排水地漏。

（3）定位划线：根据设计的洗涤槽的位置及长、宽、高等尺寸，在地柜台面上划线确定洗涤槽的开方孔尺寸，用专用工具开好安装位置的长方孔。等待安装洗涤槽。

（4）将洗涤槽放入地柜台面上开好的孔位处，调整水平度和垂直度，确保洗涤槽平稳放置，打中性玻璃胶固定。

（5）用4分304不锈钢软管，一头接通水槽龙头，另一端接入原墙面预留给水管4分开关阀门，完成给水系统的连接。

（6）用洗涤槽自带的排水管（带有存水弯），一头连接洗涤槽排水口，一头接入厨房橱柜排水地漏，完成排水系统的连接。

13.7.4　注意事项：

（1）给水排水管坡度：排水管安装要有一定的坡度，一般为2%～3%，以保证排水顺畅，防止积水和堵塞。

（2）预留检修空间：在安装给水排水管和洗涤槽时，要考虑到后期检修的方便，预留足够的检修空间，避免因空间狭小而无法进行维修。

（3）避免管道交叉：尽量避免给水排水管与其他管道（如燃气管、电线管等）交叉，若无法避免，应保持一定的安全距离，并采取相应的防护措施。

（4）测试验收：安装完成后，进行通水测试，检查给水排水系统是否正常运行，在各个管口连接处，检查有无渗漏现象。

13.8　橱柜安装质量验收

13.8.1　外观要求

（1）产品外表应保持完好状态，不得有碰伤、划伤、开裂和压痕等缺陷。

（2）安装位置符合安全、便捷使用要求，不得有影响开关门的现象。柜体摆放合理。

（3）各类门板、抽屉、拉篮等面板的调节，从整体的各个方位检查橱柜面板的上下、前后缝隙一致性。

13.8.2　牢固度验收

（1）橱柜的安装部件之间的连接应牢靠不松动，紧固螺钉要全部拧紧。

（2）吊柜与墙面固定塑料胀塞宜不小于$\phi 8mm \times 60mm$；每900mm长度不少于2个固定点。

（3）吸油烟机固定在墙面或连接板上，开机时不得有松动或抖动现象。

13.8.3　密封性

（1）水盆的排水结构（水过滤器、溢水口、排水管等）各接头，在排水接口的部位无渗漏。

（2）给水管道与水龙头的接头处，不能有渗漏现象。

（3）灶具的进气接头、软管与燃气管道之间的接头应连接紧密，须使用卡箍紧固，不得漏燃气。

（4）嵌入式灶具与台面连接处应使用密封、隔热材料。

（5）水盆与台面连接处应打密封胶。

（6）吸油烟机排烟管、止回阀连接必须密封牢固。

13.8.4　安全性能验收

（1）厨房洗菜盆下安装的五孔插座宜配防溅盒。

（2）抽屉和拉篮，应抽拉自如，无阻滞，并带有限位装置，防止直接抽出。

（3）橱柜中的金属件与人接触的位置应有保护装置（如抽屉侧装饰盖、铰链装饰盖），不应有毛刺和锐角，宜砂光处理，保证圆滑。

安装室内门和地板

14.1 室内门安装准备及配合条件

14.1.1 室内门安装时，对不同墙体的预埋件和锚固件、防腐、填嵌，应进行隐蔽检查和验收。

14.1.2 室内门应根据装修完成面、门洞口尺寸现场测量后进行设计，并应满足工厂生产和现场安装的要求。

14.1.3 安装准备：

（1）材料：门扇、门套、铰链、锁具。

（2）机具准备：无尘锯、红外线水准仪、工具箱、地面保护地毯、充电手枪钻。

（3）安装工序：墙地砖、过门石铺贴及勾缝完成，木地板水泥地面找平完成。

14.1.4 门洞口预留尺寸检查符合安装要求。测量门洞尺寸，高度允许偏差 10 ~ 15mm，宽度偏差 10 ~ 15mm，墙面厚度偏差 ±15mm。门框靠墙侧应刷防腐涂料。

14.1.5 安装路线：

门套组装—弹线—安装门套—安装铰链—安装门扇—安装门套线—安装锁具五金—调平行正—成品保护。

14.2 门框、门扇及五金安装工艺要点

（1）门框应在墙体上先行安装，宜用多层板或细木工板制作，门框基层板应进行防火、防腐、防潮处理，有水房间门框根部下口 300mm 高应作防潮加强处理。

（2）门框安装时，应先确定门扇开启方向和门框安装的裁口方向。固定门框：用红外线或水平仪校准垂直度（误差 ≤ 2mm），门套对角线公差 ≤ 1mm 或 ≤ 1.5mm。

（3）门框与墙体间缝隙应采用弹性材料填嵌，并用密封胶密封，确保无空隙。

（4）门框与墙体连接数量，应根据门框高度确定，在门框顶端与底端固定点宜取门框高度的 1/10，中间相邻固定点间距宜为 500 ~ 600mm。

（5）门扇与门框之间宜安装橡胶密封条且颜色宜与门套相近。

（6）门扇铰链固定：每扇门至少安装 3 个铰链，超高门需增加铰链；铰链槽深度需一致，螺栓拧紧后与门框平齐，避免松动。铰链安装过程中不得损坏门扇及门套表面部位的油漆。

（7）门锁与门扇应同步安装，门锁锁孔中心距水平地面高度宜为 900 ～ 1050mm。

（8）门缝调整：门扇与门套上下左右缝隙均匀，标准为 2.5mm（误差宜 ±0.2mm），厨卫门与地面间隙 8 ～ 12mm，其他房间 5 ～ 8mm。

（9）卫生间、厨房等潮湿区域避免使用木门，推荐铝合金或玻璃门；门框安装前需检查墙体湿度，必要时作防潮处理。

14.3　室内门安装质量验收

14.3.1　外观要求

（1）产品外表应保持完好，不得有碰伤、划伤、开裂和压痕等缺陷。油漆表面平整、光滑。

（2）安装位置符合图纸的尺寸和方位要求，不得随意变换位置，改变方向。

（3）门套安装横边水平、竖边垂直，门套、门扇不翘曲、不变形、无锤印破损。密封条贴合严密。

（4）各类门板、门套的调节，从整体的各个方位检查上下、前后、左右分缝均匀。

（5）各款式室内门，如：卧室实木门（图 14-1）、客厅复合免漆门（图 14-2），应按其各自产品说明书进行安装并验收。

图 14-1　卧室实木门　　图 14-2　客厅复合免漆门

14.3.2 门五金安装

（1）铰链安装牢固，位置正确适宜，边缘整齐。五金等配件齐全，无异声，无变形和扭曲。

（2）门锁开启灵活，与锁挡结合紧密，无晃动。

（3）铰链、锁具安装牢固，螺栓无松动，锁具锁舌伸缩顺畅。

（4）门顶、门吸等固定牢固，起到限位作用。

（5）开合测试：门扇开启灵活、无噪声，关闭后与门框贴合严密，无漏光或透风。

14.3.3 门套线、密封条安装

（1）门套线套口尺寸一致，平直光滑，结合牢固，接角处对缝严密。

（2）密封条拼角割向正确、拼缝严密，套板槽内密封条顺直。

（3）套顶部水平、齐整。盖板、密封条等安装牢固、平整。

14.4 地板安装准备及配合条件

14.4.1 安装准备

（1）材料准备：木地板（竹地板、强化复合地板）、踢脚线、压条、防潮垫、钢钉、各类胶。

（2）设备准备：湿度测试仪、无尘锯、转向锯、工具箱、盒尺、钢尺。

14.4.2 环境条件

（1）地面水泥砂浆找平层完成，表面无开裂、空鼓、起砂。

（2）墙顶面涂料施工完成。

（3）橱柜、浴室柜、台面、电器、内门已安装完成。

14.5 地板安装路线

基层清理—铺设地垫（防潮垫）—铺设地板—安装踢脚线—修补打胶—安装扣条—整体检查。

14.6 地板安装工艺要点

（1）水泥类基层含水率应不大于8%，平整度偏差应不大于3mm。

（2）房间已铺设的管道线路走向应标识明确，木龙骨不能破坏基层和预埋管线。

（3）纯实木地板铺装前，宜对地板进行选配，宜将纹理、颜色接近的地板集中使用于一个房间或部位。

（4）防潮垫层满铺平整，在交接处应重叠 50mm，用胶条粘接严密，墙角处应上翻不小于 50mm 高。

（5）地板铺设宜选择顺光方向。

（6）应从房间的一侧或门口开始安装第一块地板，地板的四周与墙面间的伸缩缝宜为 8 ~ 10mm，门口处应设置伸缩缝。

（7）市场上有实木地板（图 14-3）、竹木地板、强化复合地板（图 14-4）、实木复合地板，其铺装工艺类似。但在辅助材料、胶粘剂、防潮地膜、配套踢脚线方面，有较大差别。知名品牌产品的配套材料品质较高。提醒广大业主朋友注意。

图 14-3　实木地板　　　　图 14-4　强化复合地板

14.6.1　不同面层材料交接处宜采用金属线条、密封胶或其他材料，过渡应平直，标高应一致。

14.6.2　卫生间地面完成面应低于门槛石 5 ~ 10mm。门槛石应作内倒坡处理，铺贴宜采用湿贴，两端封堵应严密。

14.7　地板安装质量验收

（1）门扇底部与扣条间隙不小于 3mm，门扇应开闭自如，扣条应安装稳固。

（2）地板表面应洁净、牢固、不松动，踩踏无明显异响。

（3）扣条要求平整、牢固，内门关闭后要求扣条隐藏于门下。

（4）踢脚线接口平整严密，无外漏钉孔，与墙体交界处玻璃胶密封整洁，伸缩缝隙均匀整齐、内无异物。

安装卫浴产品与安装电源开关

15.1　安装卫浴产品和工艺路线

15.1.1　安装准备：

（1）材料：坐便器及配件、马桶盖及配件、花洒、五金件（浴巾架、毛巾杆、置物架等）。

（2）环境条件：墙地面、吊顶面层施工完毕。给水点位、排水口的位置、尺寸符合要求。

15.1.2　安装卫浴工艺路线：

开箱验货—安装坐便器—安装花洒—安装水龙头—安装五金件—测试冲水—测试淋水喷头。

15.2　安装卫生洁具工艺

15.2.1　卫生器具的安装：

（1）根据装修完成面、墙地砖排版及卫生器具设备位置、尺寸，确定给水排水、电气接口在墙、地面的预留位置。

（2）卫生器具及地漏的存水弯水封高度应不小于50mm；不得使用钟罩式（扣碗式）地漏。

（3）应采用预埋螺栓或膨胀螺栓安装固定，与墙地砖的接缝处用硅酮密封胶封闭。

15.2.2　淋浴花洒安装（图15–1）的冷热水管出墙尺寸应按照装修完成面和设备尺寸定位，应左热右冷，平行间距不应小于150mm。当冷热水供水系统采用分水器供水时，应采用半柔性管材连接。

15.2.3　卫生器具安装、坐便器安装（图15–2）、管材安装应按产品安装说明书要求进行。

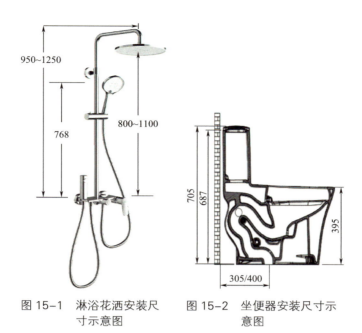

图 15-1 淋浴花洒安装尺寸示意图

图 15-2 坐便器安装尺寸示意图

15.2.4 坐便器安装前应划出排污管的十字中心线及安装沿线，坐便器与排污管之间应采用配套的专用密封圈进行连接。给水角阀高度距地面宜为 200mm，角阀距排水管口中心间距宜为 150mm。

15.2.5 浴室柜安装工艺要点：

（1）浴室柜安装尺寸及内部结构（图 15-3）应符合产品说明书要求。给水排水接口位置与安装浴室柜产品配套无误，符合安装条件。

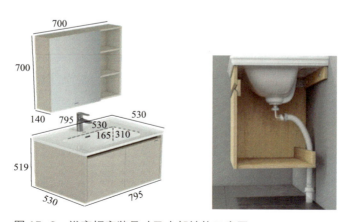

图 15-3 浴室柜安装尺寸及内部结构示意图

（2）排水栓的溢流孔应对准洗涤盆流孔。

（3）托架固定栓可采用直径不小于 6mm 的镀锌螺栓或不锈钢螺栓。

（4）洗脸盆排水管段若无存水弯，宜选用有耐负压抽吸功能的存水弯洗脸盆。

15.2.6　浴室柜台下盆安装应设独立金属支架，平整，与器具接触紧密、平稳，支架与台盆应加橡胶垫片。

15.3　卫浴产品安装质量验收

（1）坐便器（马桶、马桶盖）外观完整，无损伤、无色差。

（2）安装法兰密封圈要与坐便器底部排水口位置连接严密，防止返味。

（3）坐便器（马桶）安装牢固、平稳，冲水灵活、排水通畅。

（4）花洒固定座的高度应考虑业主身高。

（5）花洒、五金件安装牢固，花洒出水、切换正常。

（6）安装五金件前，需要提前再与业主确认具体安装位置。

（7）各种连接部位应牢固、密实、无渗漏。五金件安装平直、牢固。

（8）浴室柜给水排水使用正常，牢固，无渗漏。

15.4　电源开关安装准备

15.4.1　施工准备

（1）施工图纸，明确各个插座、开关、灯具的相互关系。

（2）与业主确定安装开关、插座、灯具位置、品种、数量，应一致无误。

15.4.2　材料准备

（1）各种开关、插座、照明灯具等产品。

（2）接线端子：应根据导线的根数和总截面选择相应的接线端子。

（3）辅助材料：防水胶布、镀锌螺栓。

15.4.3　工具准备

（1）手动工具：克丝钳、尖嘴钳、剥线钳、压线钳、电烙铁、电钻、电锤。

（2）电工刀、万用表、兆欧表、水平尺、卷尺、相位检测仪（器）等。

15.5　电源开关安装工艺

15.5.1　接线盒清理、检查

（1）检查预留线盒位置，如有偏差及时改正。

（2）用螺钉旋具轻轻地将暗盒内残留的水泥、灰块等杂物剔除，用油漆刷将接线盒内的杂物清理干净。接线盒内不允许有水泥块、腻子块、灰尘等杂物。

15.5.2 导线接线工艺要点

（1）所有导线的接头须在接线盒内接，使用接线端子，保证绝缘良好；导线不能有损伤。

（2）先将盒内导线留出维修长度后剪除余线。用剥线钳剥出适宜长度，以刚好能插入接线孔的长度为宜。对于多联开关需分支连接的应采用接线端子。

（3）注意区分相线、零线及保护地线，不得混乱。

（4）安装面板：三孔插座连线为蓝线（零线）在左，红线（相线）在右，黄绿线在上。二孔插座连线为蓝线在左或下，红线在右或上。连接开关与螺口灯具导线时，相线应先接开关，开关引出的相线接在灯中心的端子上。安装面板：三相四孔及三相五孔插座的接地（PE）或接零（PEN）接在上孔。插座的接地端子不应与零线端子连接。同一场所的三相插座，接线的相序一致。

（5）电源插座须通过漏电保护器连接。潮湿环境所有用电设备外壳均应与等电位端子有效连接。

（6）暗装的插座面板紧贴墙面，四周无缝隙，安装牢固，手扳无晃动，表面光滑整洁，无划伤，装饰帽齐全。同一室内插座安装高度一致。盖板固定牢固，密封良好，安装水平。

（7）开关安装位置便于操作，开关边缘及距门框边缘的距离为 15 ~ 20mm，开关距地高度 1.4m。相同型号并列安装及同一室内开关安装高度一致，且控制有序不错位。暗装的开关面板紧贴墙面，四周无缝隙，安装牢固，手扳无晃动，表面光滑整洁，无碎裂划伤。

15.6 电源开关安装验收

15.6.1 验收时安装质量均应符合以上工艺要点。

15.6.2 安装面板：三孔插座连线为蓝线（零线）在左，红线（相线）在右，黄绿线在上。二孔插座连线为蓝线在左或下，红线在右或上。三相四孔及三相五孔插座的接地（PE）或接零（PEN）接在上孔，插座的接地端子不应与零线端子连接。同一场所的三相插座，接线的相序一致。连接开关与螺口灯具导线时，相线应先接开关，开关引出的相线接在灯中心的端子上。用验电器"相位检测仪"进行检验。

15.6.3 用相位器检查火线、零线、保护地线接线正确。若接线有误，会带来安全隐患。轻者跳闸断电，重者出现电弧火花损坏电器，甚至造成重大人身伤害事件，必须杜绝。

15.6.4 断开各回路电源开关，合上总进线开关，检查漏电测试按钮是否灵敏有效。

15.6.5 安装电源开关位置（图 15-4），应符合设计图纸标注。

图 15-4　安装电源开关位置示意图

15.6.6 注意事项：

（1）潮湿环境安装开关、插座使用防水、防溅 IP54 电源面板，有防水、防溅保护盖。

（2）家中有儿童的家庭，应选择安装有内部保护门结构的电源插座。

住宅装修
验收篇

测量与验收

　　装饰工程测量与验收，宜包括房屋结构工程、砌体结构工程、抹灰工程、轻质隔墙工程、饰面板工程、饰面砖工程、裱糊工程、软包工程、涂饰工程等的立面垂直度、表面平整度、阴阳角方正、接缝高低差、接缝宽度、接缝直线度。

　　分项工程测量与验收，宜包括房屋室内水电工程、集成吊顶安装、定制品安装、卫浴花洒安装、储物柜安装以及防盗门安装、断桥铝外窗安装等的水平度、垂直度。

　　住宅装饰装修工程质量测量与验收，应采用经检定或校准合格的测量仪器和工具，并符合下列要求：

　　（1）分度值为 1mm 的钢卷尺。

　　（2）分度值为 0.5mm 的钢直尺。

　　（3）分辨率为 0.02mm 的游标卡尺。

　　（4）分度值为 0.5mm 的楔形塞尺。

　　（5）精度为 0.5mm 的 2m 垂直检测尺。

　　（6）精度为 0.5mm 的内外直角检测尺。

　　（7）精度为 0.5mm 的 2m 水平检测尺。

　　（8）水平精度为 1mm/7m 的激光水平仪。

　　（9）精度为 0.2mm/m 的激光测距仪。

　　住宅装饰装修工程质量测量、检测的作用和意义如下：

　　（1）住宅装饰装修工程质量检测、检查、验收是很重要的工程施工管理环节。质检人员通过眼看、手摸、耳听来观察装修工程项目质量结果的好坏，发现隐患、瑕疵、质量问题。同时，必须借助建筑检测设备、工具提高工作效率，给施工人员和业主，一份有说服力的专业质量检测数据，对照相关标准给出验收结果报告。

　　（2）施工人员在装修工程的放线、定位、定坡度、施工安装过程中的自检，都要用到测量工具。同时，随机用测量工具，检查自己的施工阶段性成果。因此，测量与验收是保证工程质量的重要环节和基础。

测量与验收主要仪器和工具

（1）检测工具箱（图 17-1）常规由 7 件多功能建筑检测器组成，用于工程建筑装饰装修、产品安装等工程施工及竣工质量检测，可以实现精确的质量检验，同时也能反映施工队伍的实力和技术装备的水平。

图 17-1　检测工具箱

（2）激光水平仪（图 17-2）：主要应用于建筑装饰装修等工程施工及竣工墙体的水平和垂直度的检测。可以实现十字线和 360° 水平线，精确检验房屋墙体阴角、阳角的垂直度和水平度，可以精度误差在 1mm 内。

图 17-2　激光水平仪

（3）激光水平仪在工地使用场景（图 17-3、图 17-4）：激光水平仪检查墙面时可以从地面直到顶面，常规不受层高的限制，最高可到 7m。

图 17-3　仪器使用场景　　　　图 17-4　激光十字线场景

对墙面上的背景边框四周是否方正，检查快捷准确。是近年来采用家装检测工具的更新换代产品，检测精度高。正规公司设计部、工程部、质检部，实力强的专业施工队都有配置。

（4）垂直检测尺（图 17-5，简称 2m 靠尺），主要用于水平和垂直面的精确检测，精度误差在 0.5mm 内，可以精确检测墙面和地面的平整和垂直施工质量。当地面的平整度偏差小于 3mm 时，可以铺复合地板，大于 3mm 时地板就会局部有空隙，使用一年之内地板就有可能被踩变形、开裂损坏。

图 17-5　垂直检测尺应用场景

（5）内外直角检测尺（图 17-6）用于检测物体上内外（阴阳）直角的偏差。用来测量房屋中墙面直角的参数。精度误差在 0.5mm 内。检测作用：检测房屋墙面铺贴瓷砖角度是否方正。

图 17-6　直角检测尺应用场景

（6）响鼓锤（图 17-7）轻轻敲铺贴瓷砖墙面，可以判断墙面是否空鼓，是检查墙体品质的重要工具。检测作用：检测瓷砖的空鼓程度及粘合质量，水泥砂浆铺贴饱满程度。

（7）钢针小锤（图 17-8）主要用于判断玻璃、陶瓷锦砖、瓷砖的空鼓程度及粘合质量，探查砖缝等砂浆是否饱满，墙面基层是否密实，避免贴砖后有开裂现象。

图 17-7　响鼓锤应用场景

图 17-8　钢针小锤应用场景

工程质检节点举例

（1）检测地砖铺贴平整度（图18-1）：检查地砖平整度是否符合质量验收标准。用靠尺检验地砖铺装工艺水平。检测作用：若平整度超差，砖缝出高低台时，应整改。平整度差带来的不利因素是低处易脏、高处易有磨痕。

（2）检测墙面平整度（图18-2）及垂直度。墙面腻子打磨、刷漆工序是否符合验收标准，用2m靠尺，检查墙面的平整、垂直工艺水平。对墙面施工质量作出评判。

图18-1　地面瓷砖平整度检测　　　　图18-2　检测墙面平整度

（3）厨房、卫生间墙面检测瓷砖平整度、垂直度（图18-3、图18-4）是否符合质量标准。用2m靠尺检验，对墙面贴砖质量作出评判。

图 18-3　检测墙面瓷砖平整度

图 18-4　检测安装橱柜处墙面瓷砖平整度

（4）电源插座接线端子、接线极性检测环节，用电源面板极性检测器（图 18-5）检查插座接线（极性）是否正确，是否符合技术标准规范。

连线极性正确，火线、零线、保护地线接线正确非常重要。接线不正确时会带来极大的安全隐患。轻者接通家用电器时跳闸断电，重者出现电弧火花损坏电器产品，甚至对家庭人员造成伤害。

（5）厨房、卫生间给水管路打压泵（图 18-6），用于试验给水管路施工改造后打压数值是否符合技术标准规范要求。保证水路改造后，在正常使用中的各个给水管路接口处，没有跑、冒、滴、漏的现象。

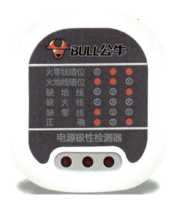

图 18-5　电源面板极性检测器　　图 18-6　给水管路打压泵

测量、检查、验收方法

19.1 立面垂直度、水平度

19.1.1 立面垂直度工具应选用 2m 垂直检测尺（图 19-1）。

19.1.2 表面平整度工具应选用 2m 水平检测尺和楔形塞尺（图 19-2）。

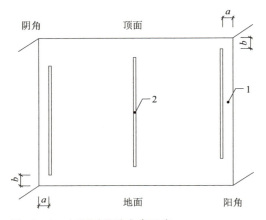

图 19-1 立面测量垂直度示意

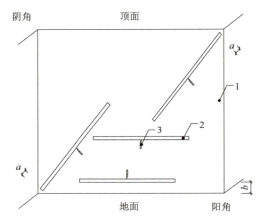

图 19-2 立面测量平整度示意

19.1.3 适用于普通卧室、起居室、客厅、餐厅、过道、阳台、储藏室。在小空间厨房、卫生间宜取 2 点测量。面积大的居室可视情况增加 1 点测量。

19.1.4 地面水泥砂浆水平度工具应选用 2m 水平检测尺和楔形塞尺（与图 19-2 类似）。

19.2 测量地面接缝高低差

19.2.1 卧室、起居室、客厅、厨房、卫生间等，地面铺贴瓷砖后，测量接缝高低差（图 19-3）。

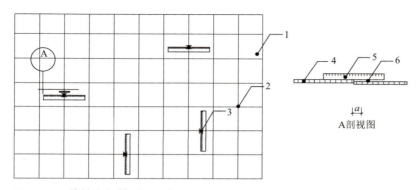

图 19-3　接缝高低差测量示意
1—地面；2—接缝；3—实测点；4—瓷砖；5—钢直尺；6—楔形塞尺

19.2.2　卧室、起居室、客厅铺砖水平度测量与图 19-2 类似。

19.3　卫生间地漏安装坡度测试

19.3.1　常规采用两种方法：泼水试验法、滚球试验法（图 19-4）。

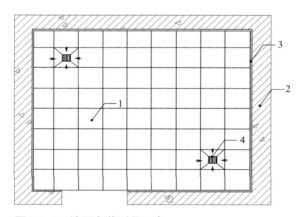

图 19-4　地漏安装测量示意
1—地砖；2—混凝土墙体；3—墙面装饰完成面；4—地漏

19.3.2　泼水试验法：取一个容器，盛水 1 ~ 1.5L。距离地漏 700 ~ 800mm，以蹲姿将水泼向地漏方向，隔 3 ~ 5min，检查卫生间地面及地漏附件。地面没有积水，均流入地漏（无积水：用手模拟拍湿地面，没有水花溅起）。

19.3.3　滚球试验法：用乒乓球或小皮球从卫生间距离地漏最远处，自由放手。试验球较快速滚向地漏处。

住宅装饰工程交付手册

（2025 年版）

江苏鲸匠装饰设计工程有限公司

建设甲方（业主）: _____

施 工 单 位: _____

施 工 时 间: _____

合 同 编 号: _____

前　言

在江苏省装饰装修业快速发展的现阶段，为了进一步规范家装行业装修施工工艺检查、质量验收。本公司重新编制《鲸匠装饰工程交付手册》。

住宅装饰装修是一个程序繁多复杂，房主客户参与时间较长的系统施工过程，在过去客户与装饰公司打交道的过程中，没有规范的参与管理与监控办法。由于客户对装修过程服务权益知之甚少，甚至有些权益无法实施，发现施工或管理上的问题也没有系统规范的法规文件来进行约束。《鲸匠装饰工程交付手册》的重新编制，标志着这些家装复杂问题，将得到很好的解决。

在新的《鲸匠装饰工程交付手册》当中，对房主客户参与家庭装修管理的每个环节进行详细、清晰的约定，对装饰公司施工流程及 20 多项管理与质量把控标准进行详细量化规定，使房主客户对家装公司的工程交付操作流程更加清楚。《鲸匠装饰工程交付手册》填补了家装施工阶段服务管理检查、质量验收的技术性空白。

对于《鲸匠装饰工程交付手册》科技法规文件的编制，加强了装饰企业自身的工程管理流程的严谨性及科学性，通过细节管理环节，大大提升了装饰企业本身的管理质量和服务水平。

江苏鲸匠装饰设计工程有限公司
苏州鲸匠装饰设计工程有限公司
2025 年 8 月

概　述

　　苏州鲸匠装饰设计工程有限公司是中国家装工程新模式开创者，是一家专业从事家庭居室设计、施工、安装一体化的装饰工程公司。公司坚持"经济型装修，省心，省时，省力，省钱"的经营模式。以"价格经济化，质量精品化"为经营理念。奉行"同档次比价优，同价格比质优"的服务方针，致力于为全国老百姓打造美丽温馨家居。

　　自成立以来，公司立足于客户的需求，以人为本，注重家居实用性和家装合理性的结合，在提倡合理投资的同时依然主张以新颖的设计、精湛的施工、优良的管理，创作出雅致精美的作品。苏州鲸匠装饰设计工程有限公司不仅拥有一批具有扎实的专业功底，敏锐创意的设计团队，而且拥有一支经验丰富、技术精良的施工团队。公司追求"简洁实用，方便美观"的设计风格，以"工厂价，优品质"为原则，对所有装饰工程实行透明的报价，豪装不豪价，为客户提供最高性价比的装修方案，力求让客户花不多的钱，也能达到像家一样令人最满意的装修效果。凭借自身时尚简约的设计，优质的工程质量，一流贴心的售后服务，实惠的装修价格，苏州鲸匠装饰设计工程有限公司赢得了越来越多客户的肯定，深受广大业主的青睐。

　　苏州鲸匠装饰设计工程有限公司将继续秉承"明明白白消费，轻轻松松装修"的服务宗旨，全心全意为 客户营造更温馨幸福的家居港湾，真正做到让客户"省心，省时，省力，省钱"。

　　我们的宗旨：让客户轻松快乐地装修！

　　我们的使命：为更多老百姓打造美丽温馨家居！

　　我们的愿景：打造平价装修行业的领军企业！

　　我们的经营理念：价格经济化，质量精品化！

　　我们的服务理念：打造精品服务，追求顾客满意！

　　我们的设计理念：简洁实用，方便美观，以人为本！

　　我们的施工理念：高品质，高效率！

目　录

一、客户授权书

二、客户特殊要求记录

三、施工前现场原状交接单

四、施工图现场设计交底单

五、现场规范检查记录

六、工地施工计划表

七、工地材料进场验收品牌确认单（辅材）

八、电路隐蔽工程验收记录单

九、水路隐蔽工程验收记录单

十、水压试压情况记录

十一、防水蓄水情况记录

十二、材料进场品牌型号确认单（主材）

十三、木工工程验收记录单

十四、泥工工程验收记录单

十五、施工工艺检查

十六、中期缴款通知单

十七、油漆工程验收记录单

十八、集成吊顶安装现场验收表

十九、灯具安装现场验收表

二十、墙纸铺贴现场验收表

二十一、卫生洁具安装现场验收表

二十二、移门/淋浴隔断安装现场验收表

二十三、地板铺贴现场验收表

二十四、门安装现场验收表

二十五、橱柜安装现场验收表

二十六、定制柜体安装现场验收表

二十七、窗帘安装现场验收表

二十八、成品家具安装现场验收表

二十九、工程竣工质量验收单

一、客户授权书

尊敬的客户：

感谢您选择了我们苏州鲸匠装饰。请您授权设计师 ＿＿＿＿＿＿ 、工程监理 ＿＿＿＿＿＿ 、项目经理 ＿＿＿＿＿＿ 为您的家装服务。为了确保施工质量和工期，本公司流程控制管理方法，很多施工控制点须您的参加和签字确认，衷心希望得到您的支持和协助。以下是控制点明细，请您在亲自参加的控制点后打"√"确认。

序号	技术质量环节控制点明细	请客户打"√"确认
1	施工前现场原状交接单	需要参加□不需要参加□
2	施工图现场设计交底单	需要参加□不需要参加□
3	工地材料进场验收品牌确认单（辅材）	需要参加□不需要参加□
4	电路隐蔽工程验收记录单	需要参加□不需要参加□
5	水路隐蔽工程验收记录单	需要参加□不需要参加□
6	水路试压隐蔽工程验收记录	需要参加□不需要参加□
7	材料进场品牌型号确认单（主材）	需要参加□不需要参加□
8	防水蓄水情况记录	需要参加□不需要参加□
9	木工工程验收记录单	需要参加□不需要参加□
10	泥工工程验收记录单	需要参加□不需要参加□
11	工地施工计划表	需要参加□不需要参加□
12	成品主材安装验收表	需要参加□不需要参加□
13	工程竣工质量验收单	需要参加□不需要参加□
14	尾款缴款通知单	需要参加□不需要参加□

1.有关责任人将根据您的需要提前通知您参加相关验收，请您抽出宝贵的时间来参加，并在相关的记录单上签字确认。

2.当您因其他原因无法按时参加相关验收时，请您指定代理人验收。如未指定代理人或未亲自验收，在您接到通知 12h 后，视同业主默认验收，相关责任人有权组织

相关验收，并在相关的记录单上签字确认。

　3. 以上所有需要您签字的内容，只作为施工流程顺畅进行及监督认可依据。

　4. 打勾项目客户必须参加。

　（本人同意上述授权）客户签字：　　　　　　年　　　月　　　日

二、客户特殊要求记录

特殊要求详细内容	
合同方面	
设计方面	
材料方面	
工艺方面	
家具方面	
服务方面	
其他	
说明	所签的装修合同，任何人不得增减内容或涂改。客户有特殊要求时，在不违反合同及公司政策的前提下，详细填入表格，并由当事人签字，最后同客户审核签字确认，任何口头承诺公司一概不予认可。主案设计师在设计交底时首先向工程项目经理逐项交代清楚，客户在各工种若有特殊要求，如果该项目已实施，则装饰方不承担改造的费用及责任。

工程监理：			
客户		项目经理	

三、施工前现场原状交接单

填表日期：　　　年　　　月　　　日

现场事项	现场情况：无问题填"正常"
1.防盗门现状、猫眼	
2.门窗及玻璃有无破损，开启推拉是否灵活	
3.厨房排水是否畅通	
4.卫生间排水及地漏是否畅通	
5.阳台排水及地漏是否畅通	
6.强电箱电源、通电是否正常	
7.中央空调及取暖设施	
8.家用电器及原有家具	
9.进户水管、水表、煤气表等情况	
10.墙面及顶面是否有基层开裂、空鼓现象	
11.地面、横梁及墙面是否有明显的不直、不平整现象	
12.弱电箱原有电视线、网络线、电话线入户，防盗系统等是否到位，并用文字说明在何位置	
工程监理签字：　　　客户确认签字：　　　项目经理验收签字：	

注明：交接完后立即进行原状保护，工程竣工验收时，对照原状交接单检查，若出现损害客户财产情况必须照价赔偿。

原状交接签字确认记录		
水表		
水管阀门、龙头		
洁具		
入户门钥匙		
水电充值卡		
门禁系统钥匙		

注明：交接完后立即进行原状保护，工程竣工验收时，对照原状交接单检查，若出现损害客户财产情况必须照价赔偿。

续表

现场事项			现场情况：无问题填"正常"
原状交接签字确认记录			
客户		特殊说明	
项目经理		特殊说明	
工程监理		特殊说明	

四、施工图现场设计交底单

填表日期：　　　年　　　月　　　日

开竣工日期	年　　月　　日开工至　　年　　月　　日竣工	
交底内容		说　　明
1. 需要拆除的项目（窗、墙、门）	交底完成□	
2. 平面布置图	交底完成□	
3. 给水、排水管道布置	交底完成□	
4. 洁具及洗脸盆安装位置	交底完成□	
5. 电路布置及开关插座位置	交底完成□	
6. 底盒位置专用线布置及灯具位置	交底完成□	
7. 橱柜电路插座布置	交底完成□	
8. 吊顶布置图	交底完成□	
9. 门窗施工尺寸图	交底完成□	
10. 家具尺寸摆放图	交底完成□	
11. 墙暖、地暖等暖通厂家现场对接	交底完成□	
12. 中央空调电源、出风口厂家现场对接	交底完成□	
13. 特殊材质施工工艺对接：石材、旋转楼梯等	交底完成□	
14. 门禁系统定位	交底完成□	
15. 网络系统、多媒体系统定位	交底完成□	
16. 监控防盗系统定位	交底完成□	
17. 抽油烟机墙排管道定位	交底完成□	
18. 洗菜盆定位及电源位置	交底完成□	
19. 煤气或液化气灶定位	交底完成□	
20. 所有排风口定位，包括排烟管道	交底完成□	
21. 淋浴房定位，包括给水管、排水管和电路	交底完成□	
22. 浴缸定位，包括水龙头、花洒和排水管	交底完成□	

续表

开竣工日期	年　月　日开工至　年　月　日竣工	
交底内容		说　明
23. 洗脸盆定位，包括给水软管、龙头和排水管	交底完成☐	
24. 坐便器定位，包括固定方式，给水软管和排水管	交底完成☐	
25. 蹲便器定位，包括冲水阀和排水管是否新增存水弯	交底完成☐	
26. 地漏必须在地砖坡度最低点	交底完成☐	
27. 热水器定位，包括固定和冷热给水管	交底完成☐	
28. 卫生间浴霸定位	交底完成☐	
29. 灯具定位	交底完成☐	
30. 空调定位及空调与外机连接管道的处理（机械 打眼定位）	交底完成☐	
31. 冷热饮水机定位	交底完成☐	
项目经理意见：可开工☐　　不可开工☐		
工程监理意见：可开工☐　　不可开工☐		
其他情况说明：		
注明：业主与设计师均不在现场进行设计交底，进行的设计交底均无效，装修队伍禁止进场施工，禁止材料到现场。若项目经理认为条件不具备，不能开工，必须在 24h 内解决，并保证顺利开工。		
现场：业主、设计师、项目经理进行交底确认无误签字确认。		
客户	设计师	
项目经理	工程监理	

五、现场规范检查记录

	检查项目及要求	进场时检查	施工检查 1	施工检查 2
		检查结果	检查结果	检查结果
1	文明施工工地一览表	合格☐不合格☐	合格☐不合格☐	合格☐不合格☐
2	"施工扰邻""禁止吸烟"标识是否到位	合格☐不合格☐	合格☐不合格☐	合格☐不合格☐
3	标识、门贴保护张贴到位，保护到位	合格☐不合格☐	合格☐不合格☐	合格☐不合格☐
4	"出门断水电"标识是否到位	合格☐不合格☐	合格☐不合格☐	合格☐不合格☐
5	进场弹水平线	合格☐不合格☐	合格☐不合格☐	
6	家具、电器、弱电、洁具、开关插座等定位	合格☐不合格☐		
7	施工工具堆放到位	合格☐不合格☐	合格☐不合格☐	
8	操作施工是否合理并符合安全要求	合格☐不合格☐	合格☐不合格☐	
9	水泥码放点的位置是否到位，标识是否到位；黄砂码放点是否与水泥码放点分开	合格☐不合格☐	合格☐不合格☐	合格☐不合格☐
10	板材木方码放点是否到位并一致	合格☐不合格☐	合格☐不合格☐	合格☐不合格☐
11	材料、垃圾区域堆放是否符合要求	合格☐不合格☐	合格☐不合格☐	
12	主辅材料码放点是否符合要求	合格☐不合格☐	合格☐不合格☐	
13	水电材料码放是否符合要求	合格☐不合格☐	合格☐不合格☐	
14	各类五金件是否保护到位，卫生及时清理	合格☐不合格☐	合格☐不合格☐	合格☐不合格☐
15	成品安装完成后是否做好保护		合格☐不合格☐	合格☐不合格☐
16	厨卫墙砖铺贴后是否按要求粘贴管线标识		合格☐不合格☐	合格☐不合格☐
17	地砖铺贴后是否用保护膜做好保护并到位		合格☐不合格☐	合格☐不合格☐
18	施工工人是否着工作服施工	合格☐不合格☐	合格☐不合格☐	合格☐不合格☐

注明：进场时监理对工作全面检查一次，对未做到位的工作必须立即或限期补齐，监理应签字确认。施工过程中监理进行质量检查时基础施工工作是必须检查内容，工地卫生平时以项目经理自检为主。

现场规范检查记录			
进场检查时间	项目经理		
施工中检查时间 1	工程监理		
施工中检查时间 2	工程监理		

六、工地施工计划表

工地名称：　　　　工程监理：　　　　项目经理：　　　　合同号：

序号	施工工序	工作内容	计划时间	下单内容
1	开工仪式	图纸交底、原房检测、水电布局定位	开工当天	橱柜电路图纸
2	拆除	墙体拆除，铲墙皮（老房子拆除顺延）	第 2～4 天内	水电材料
3	工地形象	黄墙绿地门窗保护	第 5 天内	砂子、水泥、红砖
4	水电改造	开槽、布线、布管	第 6～13 天内	墙、地砖
5	水电验收	预约厂家上门打压、水路电路验收	第 14～15 天内	砂子、水泥
6	瓦工施工	瓷砖进场验收、砌墙铺砖等	第 16～31 天内	防水工程
7	隐蔽工程验收	卫生间防水工程	第 16～31 天内	木工材料
8	木工施工	顶棚吊顶、背景墙造型等	第 32～37 天内	橱柜、定制柜、门及门套复核检查配套尺寸；家具确定：中期验收完；下单完所有主材、墙纸
9	中期验收	对木工、瓦工工程进行验收	第 38～39 天内	
10	窗台石安装	窗台石定制安装	第 45 天内	
11	油漆施工	基层处理批腻子粉	第 46～60 天内	热水器
12	成品安装	集成吊顶、淋浴隔断、洁具、木门、灯具、空调、橱柜、衣柜、地板、窗帘等	第 61～90 天内	通知相关主材安装
13	开荒保洁	对现场垃圾的处理以及室内卫生处理		
14	工程监理、项目经理自检	对基础装修工程以及所有主材的安装细节问题进行检查（提出整改项目、限期整改）		
15	修复工作	对遗留的问题及时整改到位		
16	竣工验收	业主、监理、项目经理参与竣工验收		
17	整体交付	办理交付仪式：移交钥匙	第 100 天内	
18	家具家电配送	工程竣工，安排厂家配送家具家电	第 100 天外	—

注：1. 本计划必须在开工前制订完毕，由项目经理制订工期计划。

2. 工期延误每天罚款参照合同条款（由项目经理执行，若找不到拖延相关责任人

的由项目经理自行负责），因业主原因造成的工期延误必须有业主签字认可的书面同意延期的变更单。

（责任人）项目经理：　　　　工程监理审核：　　　日期：

七、工地材料进场验收品牌确认单（辅材）

材料名称	单位	品牌	规格	确认结果	日期	备注

注明：保证配送到现场的材料品牌与设计及预算中要求的材料品牌相一致，发现不一致现象，必须立即更换，本次主要确认四大工种辅材。客户若更换品牌，必须由设计师书面出具《设计变更单》，客户办理预算签字手续，口头承诺一概无效。

辅材品牌签字确认记录		
客户		特殊说明	
项目经理		特殊说明	

八、电路隐蔽工程验收记录单

填表日期：　　年　　月　　日

施工项目及验收要求	验收结果	备注
1. 电线品牌和线管分色是否符合要求	合格□不合格□	
2. 强、弱电位置合理，标高符合设计要求，弱电和强电管线之间距离大于或等于20cm	合格□不合格□	
3. 用切割机开槽，深度为管外径+1.2cm以上，布管前用切割机切毛，封闭管线，先湿水，水泥砂浆比例大于1：3	合格□不合格□	
4. 套管进底盒内时必须用锁扣扣紧	合格□不合格□	
5. 管线槽横平竖直，固定牢固	合格□不合格□	
6. 强电与弱电不能超穿同一根线管	合格□不合格□	
7. 电线套管90°弯用冷弯，禁止使用90°直弯	合格□不合格□	
8. 强电与弱电不能同槽	合格□不合格□	
9. 地面线管直接需用PVC胶水固定	合格□不合格□	
10. 插座地线用双色线，火线用红色线，零线用蓝色线	合格□不合格□	
11. 卫生间浴霸必须预留1根截面积2.5mm^{2}的线	合格□不合格□	
12. 底盒线头预留150mm左右	合格□不合格□	
13. 控制线截面积2.5mm^2，普通插座2.5mm^2，空调4mm^2	合格□不合格□	
14. 回路设置合理，空气开关负荷配置合理，厨房与卫生间插座回路必须有漏电保护器	合格□不合格□	
15. 厨卫强电布线严禁走地面	合格□不合格□	
16. 黄蜡管与PVC管接头必须用胶布固定好	合格□不合格□	
17. 必须在水电验收前拍好水电走向图，在水电验收当场由验收人核对签字	合格□不合格□	
18. 给水管与线管交叉时必须采用过桥，严禁直接叠加	合格□不合格□	
19. 建议灶台处布线尽量避开灶台热源	合格□不合格□	
20. 弱电原有接头位置均不能封闭	合格□不合格□	

施工项目及验收要求	验收结果	备注
21. 电线与暖气、热水、煤气管之间平行间距不应小于 300mm，交叉距离不应小于 100mm，并作隔热处理	合格□不合格□	
工程量确定	见水电验收附表	
注明：电线管道布线完毕后，本工程项目经理向监理报检，安排水管厂家进行验收，并签字确认，隐蔽工程验收合格后，管线才能封闭。		
电路隐蔽工程签字确认记录		
客户对工程验收合格、认可，可封闭进入下道工序施工	客户	
电路隐蔽工程验收合格，可封闭线路进行下道工序施工	项目经理	
电路隐蔽工程验收合格，可封闭线路进行下道工序施工	工程监理	

九、水路隐蔽工程验收记录单

填表日期：　　　　年　　　月　　　日

施工项目及验收要求	验收结果	备注
1. 水管品牌和管件是否符合要求	合格□不合格□	
2. 管道横平竖直，布置合理，施工工艺正确	合格□不合格□	
3. 给水预留接口位置正确，管口用堵头封闭	合格□不合格□	
4. 给水管固定牢固	合格□不合格□	
5. 冷热水管道位置正确，左热右冷，上热下冷，间距 15cm	合格□不合格□	
6. 接头无渗漏现象，管道试压合格	合格□不合格□	
7. 排水管道布置合理，接头处粘结牢固	合格□不合格□	
8. 排水预留口位置正确，并对排水口进行临时保护，防止堵塞	合格□不合格□	
9. 移位安装位置正确	合格□不合格□	
10. 排水坡度方向正确，坡度为 1.5% ~ 2.5%	合格□不合格□	
11. 排水管道排水畅通，无堵塞现象，固定牢固	合格□不合格□	
12. 如果水管走地面、走卫生间管穿墙，应先上墙 300mm 后方能进入卫生间	合格□不合格□	
工程量确定	水电走向图见：厂家开具保修卡	

注明：给水管道布管完毕后，本工程项目经理向水管厂家报检，安排监理进行验收，并签字确认，同时进行水压试验。隐蔽工程验收合格后，管线才能封闭。排水管施工完毕后必须进行通水试验，保证排水畅通。客户对施工流程和工程验收签字确认。

水路隐蔽工程签字确认记录		
客户对工程验收合格、认可，可封闭进入下道工序施工	客户	
水路隐蔽工程验收合格，可封闭线路进行下道工序施工	项目经理	
水路隐蔽工程验收合格，可封闭线路进行下道工序施工	工程监理	

十、水压试压情况记录

填表日期： 年 月 日

参加人员	
试压时间：从 _____ 时 _____ 分开始，至 _____ 时 _____ 分结束。 试压情况：试验压力 _____MPa，压力降 _____MPa，接头无渗水现象。	
特殊情况处理：	
附水管厂家保修卡一份：	
注明：试压前所有管道必须堵头封闭，确保无泄漏情况。试验压力为 0.6MPa，试验时间为 30min，30min 内压力降小于 0.6MPa 为试压合格。	

水管试压签字确认记录

给水管试压合格，同意进行下道工序施工

客户		厂家质检员	
项目经理		工程监理	

十一、防水蓄水情况记录

填表日期： 年 月 日

蓄水试验前检查	验收结果
1. 地面处理干净，整洁、无杂物	合格□不合格□
2. 防水层干燥	合格□不合格□
3. 地漏管周边、排水管根部用堵漏王处理	合格□不合格□
4. 开槽水管管道处用 1：3 水泥砂浆封闭	合格□不合格□
5. 顺墙防水涂层卷边高 300mm	合格□不合格□
6. 防水涂层表面平整光滑，无开裂	合格□不合格□
7. 蓄水试验前通知物业及楼下用户联系	合格□不合格□
8. 有无水迹现象	合格□不合格□
9. 穿过房门、管道、门槛石下防水是否施工完毕	合格□不合格□

参加人员	

蓄水试验时间：从 _____ 时 _____ 分开始，至 _____ 时 _____ 分结束。
蓄水试验情况：蓄水深度 _____mm，蓄水总时间 _____h。

特殊情况处理：

工程量确定：防水施工面积共 _____m²。
注：防水施工面积应包括向墙体卷边部分面积。

说明：防水施工完毕24h后进行蓄水试验，蓄水深度不小于20mm，蓄水时间为24h，水面无明显下降为合格。蓄水试验前必须先与物业及楼下住户联系，随时到楼下住户家检查，发现漏水情况，立即停止蓄水试验，重新进行防水处理。

防水蓄水签字确认记录	
防水蓄水试验合格，同意进行下道工序施工	客户
防水蓄水试验合格，同意进行下道工序施工	项目经理
防水蓄水试验合格，同意进行下道工序施工	工程监理

十二、材料进场品牌型号确认单（主材）

材料名称	单位	品牌	规格	确认结果	日期	备注

注明：保证配送到现场的材料品牌与设计及主材清单中要求的材料品牌相一致，发现不一致现象，必须立即更换，本次主要确认材料。客户若更换品牌，必须由设计师书面出具《设计变更单》办理相应的预算《施工项目变更单》，由业主签字确认，口头承诺一概无效。

材料品牌签字确认记录			
客户		特殊说明	
项目经理		特殊说明	

十三、木工工程验收记录单

填表日期：　　　年　　　月　　　日

施工项目及验收要求	验收结果	备注
1. 石膏板及轻钢龙骨是否符合预算品牌和质量要求	合格□不合格□	
2. 吊顶及龙骨是否按设计图纸标高，弹线水平、垂直	合格□不合格□	
3. 吊顶框架是否用轻钢龙骨，轻钢龙骨制作间距不大于 400mm，轻钢龙骨衔接处需用木方嵌入固定	合格□不合格□	
4. 顶部龙骨必须用膨胀螺栓将其固定于现浇顶面，间隔不大于 600mm	合格□不合格□	
5. 灯槽是否用轻钢龙骨直接飘出 8 ~ 10cm	合格□不合格□	
6. 石膏板转角处是否用 7 字形整板切割转角	合格□不合格□	
7. 石膏板接缝处是否预留 5 ~ 8mm 收缩缝，且倒呈 "V" 字形	合格□不合格□	
8. 石膏板吊顶切割处以及接缝处是否有毛边，应当平整、美观	合格□不合格□	
9. 吊顶石膏板底部是否用侧面压底面	合格□不合格□	
10. 所有石膏板使用自攻黑螺钉固定，螺钉后期作防锈处理，并保证螺钉的足够尺寸，螺钉间距不大于 200mm 并低于石膏板 0.5 ~ 1mm	合格□不合格□	
11. 吊顶遇梁处是否用石膏板包梁底	合格□不合格□	
12. 石膏板做过门梁是否用木工板加固，外贴石膏板	合格□不合格□	
13. 轻钢龙骨隔墙：离地 10cm 以内必须用九厘板或大芯板加固	合格□不合格□	
14. 卧室门洞过大是否用木工板打基层方正平整，与墙体连接安装牢固，垂直度与方正度均应不大于 2mm	合格□不合格□	
15. 门套缝隙过大的接缝处必须用石膏板补平，禁止使用木方或大芯板补平	合格□不合格□	
16. 银镜、茶镜装饰的是否用九厘板打底	合格□不合格□	
17. 工地上出现的木方以及木工板绝不允许有树皮等附着物	合格□不合格□	
注明：基层结构施工完毕后，项目经理应请工程监理逐项进行隐蔽工程检查，对不合格的项目立即进行整改，基层结构隐蔽项目全部合格后，才能进行下道工序。	合格□不合格□	
木工工程签字确认记录		
木工工程验收合格，同意进行下道工序施工	客户	
木工工程验收合格，同意进行下道工序施工	项目经理	
木工工程验收合格，同意进行下道工序施工	工程监理	

《说明：》

12、13、14、15、16 均是木工师傅要干的活。

十四、泥工工程验收记录单

填表日期： 年 月 日

施工项目及检验要求	验收结果	备注
1. 铺地砖前检查砖的品牌、规格、型号及颜色	合格□不合格□	
2. 砌墙前对新旧墙体接合处进行凿除，为防止新旧墙体开裂，把旧墙体凿开 20 ~ 30mm 后中间布钢丝网并抹灰	合格□不合格□	
3. 砌墙采用 1 ∶ 4 水泥砂浆，表面平整，垂直平整度误差不大于 3mm	合格□不合格□	
4. 抹灰采用 1 ∶ 3 水泥砂浆，表面平整，垂直平整度误差不大于 3mm	合格□不合格□	
5. 厨房包烟道，阳台、卫生间包水管，用红砖包起来及抹灰平整	合格□不合格□	
6. 地面水泥找平采用 1 ∶ 3.5 水泥砂浆，表面平整度误差不大于 5mm，结实、不起鼓。楼下住户已经装修完成的，必须采用干浆法进行地面找平	合格□不合格□	
7. 墙砖、地砖铺贴前进行弹线统一定位	合格□不合格□	
8. 铺贴前墙地面必须处理干净，表面平整，对保温基层等其他外墙漆的基层进行凿除，打毛处理后方可进行铺贴	合格□不合格□	
9. 墙砖泡水时间充分，阴干再铺	合格□不合格□	
10. 非整砖应排放在次要部位或背角处	合格□不合格□	
11. 勾缝密实，线条顺直，表面洁净（铺贴后 24h 内勾缝）	合格□不合格□	
12. 铺贴时底盒不能排在四片砖接合处的中间。出水口及底盒不能破坏	合格□不合格□	
13. 墙面砖铺贴时应按墙面压地面工艺施工	合格□不合格□	
14. 地面铺贴时定出地面完成面四周水平线，带线铺贴	合格□不合格□	
15. 铺贴后的地面，缝隙均匀，要求表面平整，无缝隙、刮痕等现象。卫生间地面砖铺贴时不高于蹲便器 5mm	合格□不合格□	
16. 厨卫地面铺贴时应注意地面的适当放坡，地漏属放坡的最低点，地面砖铺贴完应试水，无积水等现象	合格□不合格□	
17. 先铺门槛石，后做防水及门套，铺贴完的门槛石与内外门套收口在同一平面。卫生间防水坡度不低于每米 10mm，厨房、阳台等有地漏的地方不低于每米 5mm	合格□不合格□	
18. 浅色大理石与陶瓷锦砖必须用白水泥铺贴	合格□不合格□	
19. 无明显色差，纹理顺畅，无空鼓现象	合格□不合格□	

续表

施工项目及检验要求	验收结果	备注
注明：本次工艺检查主要针对泥工的砌筑、地面找平、墙地砖等，由工程监理检查，工艺检查中不合格的项目必须立即安排整改完善。		
泥工工程验收签字确认记录		
客户	特殊说明	
项目经理	特殊说明	
工程监理	特殊说明	

十五、施工工艺检查

填表日期： 年 月 日

需进行检查的项目明细		验收结果	备注
泥工施工项目	1. 水泥品牌及强度等级是否符合要求	合格□不合格□	
	2. 铺地砖前检查砖的品牌、规格、型号及颜色	合格□不合格□	
	3. 地面采用 1：5 半干铺法施工工艺	合格□不合格□	
	4. 铺地砖前进行放线和排砖	合格□不合格□	
	5. 非整砖排放在次要部位或角落	合格□不合格□	
	6. 勾缝密实，线条均匀顺直，四角平整，表面洁净	合格□不合格□	
	7. 卫生间地砖留 1% ~ 2% 的坡度，方向正确（向地漏处）	合格□不合格□	
	8. 无明显色差，纹理顺畅，无空鼓现象（含局部空鼓）	合格□不合格□	
	9. 地砖贴完是否作保护处理	合格□不合格□	
木工施工项目	1. 所有木工辅材是否符合清单品牌	合格□不合格□	
	2. 吊顶前是否打好水平线	合格□不合格□	
	3. 吊顶框架是否用轻钢龙骨	合格□不合格□	
	4. 石膏板转角处是否为 7 字形整板切割转角	合格□不合格□	
	5. 石膏板接缝处是否倒 V 字形缝	合格□不合格□	
	6. 灯槽是否用轻钢龙骨直接飘出 8 ~ 10cm	合格□不合格□	
	7. 吊顶石膏板是否用侧面压底部	合格□不合格□	
	8. 石膏板吊顶接缝处是否有毛边	合格□不合格□	
	9. 石膏板吊顶是否用自攻黑螺钉固定	合格□不合格□	
	10. 石膏板背景造型墙是否按图纸施工	合格□不合格□	
	11. 石膏板梁是否用木工板制作	合格□不合格□	
	12. 软、硬包是否用九厘板打底	合格□不合格□	
	13. 银镜、茶镜是否用九厘板打底	合格□不合格□	

注明：本次工艺检查主要针对中期验收：瓦工项目，木工项目，工艺检查中不合格的项目必须立即安排整改完善。

续表

需进行检查的项目明细	验收结果	备注
施工工艺签字确认		
客户	特殊说明	
项目经理	特殊说明	
工程监理	特殊说明	

十六、中期缴款通知单

_____ 先生 / 女士

您好!

贵府装饰工程（合同编号：_____）施工已进行到中期阶段，为保证工程正常施工进度，根据施工合同和中期预决算单，中期进度款为：_____ 元（大写：_____），请您于 _____ 年 _____ 月 _____ 日前缴至公司财务部，谢谢合作!

项目经理签字：

客户签字：

年　　　月　　　日

十七、油漆工程验收记录单

填表日期：　　　年　　　月　　　日

油漆工程验收的项目明细	验收结果	备注
1. 乳胶漆材料是否符合预算品牌	合格□不合格□	
2. 石膏板螺栓是否涂防锈漆	合格□不合格□	
3. 所有线槽是否用粉刷石膏外贴牛皮纸或网格带	合格□不合格□	
4. 阴阳角处是否用阴阳角条并用粉刷石膏粘贴	合格□不合格□	
5. 石膏板接缝处是否用粉刷石膏外贴牛皮纸或网格带	合格□不合格□	
6. 墙面不平整是否用粉刷石膏找平	合格□不合格□	
7. 基础面找平、阴阳角修直后表面平整度及阴阳角直线度误差 2m 内不超过 3mm	合格□不合格□	
8. 墙顶面腻子刮涂完毕后打磨前平整度误差 2m 内不大于 3mm；阴阳角直线度误差 2m 内不大于 3mm	合格□不合格□	
9. 乳胶漆兑水量应符合产品说明书要求	合格□不合格□	
10. 滚刷墙顶面乳胶漆前地面是否干净整洁	合格□不合格□	
11. 表面不得有掉粉、起皮、漏刷、泛碱、留坠、疙瘩等缺陷	合格□不合格□	
12. 墙面在侧光或行灯检查时应无明显波浪起伏	合格□不合格□	
13. 剩余材料清理完毕，室内垃圾全部清理干净，保持现场整洁干净，等待主材安装	合格□不合格□	
14. 油漆施工，室内温度不能低于 5℃，否则严禁施工	合格□不合格□	
注明：油漆施工前监理必须到现场进行全面检查，对照上述要求逐项落实，对没有完成的工作必须立即完成，保护工作不到位，不得进行油漆施工，监理应签字确认。		
油漆施工前检查签字确认记录		
油漆施工前检查全部完成，可进行油漆施工	客户	
油漆施工前检查全部完成，可进行油漆施工	项目经理	
油漆施工前检查全部完成，可进行油漆施工	工程监理	

十八、集成吊顶安装现场验收表

尊敬的顾客：

您好！

感谢您选择苏州鲸匠装饰！在享受我们提供服务的同时，也对安装人员现场工作做好监督，请您亲 笔在对应选项处打"√"。

安装人员： 安装时间： 年 月 日

项目	很好	好	差	是	否
1.产品现场安装时，是否与业主所选的型号和外观存在差别					
2.安装好的集成吊顶是否有损坏、是否与当时选材型号一致					
3.安装前清洁工作场地，是否达到安装产品的清洁度要求					
4.产品安装时现场工人是否根据图纸设计走向来安装					
5.安装过程中螺母是否将龙骨固定在通丝上					
6.安装结束后是否揭开保护膜并用干净布擦净污渍					
7.安装结束后是否平整，是否美观					
8.卡条或收边条角与角之间是否严密，切口是否规正					
9.集成吊顶安装完成后是否清洁工作场地					
10.安装过程中是否对场地内的物品造成损坏					
11.请您对我们安装工的服务作评价					
确认集成吊顶安装时间： 天（自集成吊顶安装完毕后算起）					
项目经理签字			监理签字		
业主确认签字					

1. 主材厂家在安装前必须通知业主、项目经理验货，安装后必须业主、项目经理验收，合格签字后 凭此单到公司材料部对账。

2. 项目经理在后期主材安装施工时必须配合业主，第一时间到现场验货、确认签字、指导安装，凭此单据方可发放工资。

3. 如有未尽事宜，恳请顾客提出宝贵意见和建议！

感谢您对我们工作的参与和支持，您的参与对我们非常重要，谢谢！

十九、灯具安装现场验收表

尊敬的顾客：

您好！

感谢您选择苏州鲸匠装饰！在享受我们提供服务的同时，也对安装人员现场工作做好监督，请您亲 笔在对应选项处打"√"。

安装人员：　　　　安装时间：　　　年　　　月　　　日

项目	很好	好	差	有 / 是	无 / 否
1.灯具送至现场时，是否与业主所选的型号和样式存在差别					
2.灯具安装时，现场有无专业人士指导安装					
3.灯具安装完后，检查灯具表面及灯泡是否损坏					
4.灯具安装完后，检查原顶面乳胶漆是否被破坏					
5.灯具安装完后，检查现场垃圾是否清理完毕					
6.请您对我们安装工的服务作评价					
确认灯具安装时间：　　　天（自灯具安装完毕后算起）					
项目经理签字			监理签字		
业主确认签字					

1. 主材厂家在安装前须通知业主、项目经理验货，安装后必须业主、项目经理验收，合格签字后凭此单到公司材料部对账。

2. 项目经理在后期主材安装施工时须配合业主，第一时间到现场验货、确认签字、指导安装，凭此单据方可发放工资。

3. 如有未尽事宜，恳请顾客提出宝贵意见和建议！

感谢您对我们工作的参与和支持，您的参与对我们非常重要，谢谢！

二十、墙纸铺贴现场验收表

尊敬的顾客：

您好！

感谢您选择苏州鲸匠装饰！在享受我们提供服务的同时，也对施工人员现场工作做好监督，请您亲笔在对应选项处打"√"。

施工人员：　　　　施工时间：　　　年　　　月　　　日

项目	很好	好	差	有/是	无/否
1.墙纸送至现场时，是否与业主所选的型号和花色存在差别					
2.墙纸铺贴之前，墙面应平整、坚实，无粉化、起皮、裂纹					
3.产品安装时现场有无专业人员指导					
4.墙纸铺贴之后，拼图案花纹应吻合一致，无明显拼缝，阴阳角顺直					
5.墙纸铺贴之后，墙纸与装饰线、线盒交接严密，中间无缝					
6.墙纸铺贴之后，墙纸应铺贴牢固，表面平整，无起泡、色差、皱褶、翘边、压痕、裂纹					
7.墙纸铺贴之后，表面不得有污迹					
8.墙纸铺贴之后，现场垃圾应及时清理					
9.请您对我们安装工的服务作评价					
确认墙纸铺贴时间：　　　天（自墙纸铺贴完毕后算起）					
项目经理签字			工程监理签字		
业主确认签字					

1.主材厂家在安装前必须通知业主、项目经理验货，安装后必须业主、项目经理验收，合格签字后凭此单到公司材料部对账。

2.项目经理在后期主材安装施工时必须配合业主，第一时间到现场验货、确认签字、指导安装，凭此单据方可发放工资。

3. 如有未尽事宜，恳请顾客提出宝贵意见和建议！

感谢您对我们工作的参与和支持，您的参与对我们非常重要，谢谢！

二十一、卫生洁具安装现场验收表

尊敬的顾客：

您好！

感谢您选择苏州鲸匠装饰！在享受我们提供服务的同时，也对安装人员现场工作做好监督，请您亲笔在对应选项处打"√"。

安装人员： 安装时间： 年 月 日

项目	很好	好	差	有/是	无/否
1. 产品现场安装时，是否与业主所选的型号和外观存在差别					
2. 产品是否包装完好，有无损坏					
3. 卫生洁具安装配件是否齐全，是否配套					
4. 产品安装时现场有无专业人员指导					
5. 产品安装前场地是否达到安装产品的清洁度要求					
6. 产品安装时有无破坏阳角的瓷砖					
7. 卫生洁具安装固定是否牢固，管道接口处是否严密					
8. 安装完毕之后，是否进行冲水、试水试验，有无漏水现象，把水位与冲水功能调至最佳状态					
9. 花洒安装完毕后是否与墙面成直角，水压是否调节至最佳状态					
10. 卫生洁具与墙、地缝隙是否处理完好					
11. 产品安装后是否对工地现场进行清理					
12. 请您对我们安装工的服务作评价					
确认洁具安装时间： 天（自洁具安装完毕后算起）					
项目经理签字			工程监理签字		
业主确认签字					

1. 主材厂家在安装前必须通知业主、项目经理验货，安装后必须业主、项目经理验收，合格签字后凭此单到公司材料部对账。

2. 项目经理在后期主材安装施工时必须配合业主，第一时间到现场验货、确认签字、指导安装，凭此单据方可发放工资。

3. 如有未尽事宜，恳请顾客提出宝贵意见和建议！

感谢您对我们工作的参与和支持，您的参与对我们非常重要，谢谢！

二十二、移门／淋浴隔断安装现场验收表

尊敬的顾客：

您好！

感谢您选择苏州鲸匠装饰！在享受我们提供服务的同时，也对安装人员现场工作做好监督，请您亲 笔在对应选项处打"√"。

安装人员：　　　　　安装时间：　　　年　　　月　　　日

项目	很好	好	差	有／是	无／否
1. 产品现场安装时，是否与业主所选的型号和外观存在差别					
2. 产品是否包装完好，边框和玻璃有无损坏					
3. 产品安装时现场有无专业人员指导					
4. 安装后，移门边框与垂直面有无明显缝隙					
5. 安装后，移门轨道滑动是否顺畅，有无杂音					
6. 淋浴移门五金配件是否齐全					
7. 移门安装完成后是否对工地现场进行清理					
8. 产品安装完成后，客户满意程度					
9. 请您对我们安装工的服务作评价					
项目经理签字		工程监理签字			
业主确认签字					

1. 主材厂家在安装前必须通知业主、项目经理验货，安装后必须业主、项目经理验收，合格签字后凭此单到公司材料部对账。

2. 项目经理在后期主材安装施工时必须配合业主，第一时间到现场验货、确认签字、指导安装，凭此单据方可发放工资。

3. 如有未尽事宜，恳请顾客提出宝贵意见和建议！

感谢您对我们工作的参与和支持，您的参与对我们非常重要，谢谢！

二十三、地板铺贴现场验收表

尊敬的顾客：

您好！

感谢您选择苏州鲸匠装饰！在享受我们提供服务的同时，也对铺贴人员现场工作做好监督，请您亲笔在对应选项处打"√"。

施工人员：　　　　　施工时间：　　　年　　　月　　　日

项目	很好	好	差	有/是	无/否
1. 产品现场安装时，是否与业主所选的型号和外观存在差别					
2. 是否询问检查电线管、水管等位置					
3. 安装前清洁工作场地，是否达到安装产品的清洁度要求					
4. 产品安装时现场有无专业人员指导					
5. 地板安装前地面或龙骨平整度（2m 内高度差小于 1cm）					
6. 木龙骨间距是否为 30 ~ 45cm（当使用木龙骨基础时）					
7. 木龙骨下调整所有的木塞，是否有涂白乳胶（防止后期变形）					
8. 木龙骨固定的钉子长度不小于 3 寸（1 寸 ≈ 0.033m，当使用木龙骨基础时）					
9. 地板铺贴过程中是否预留伸缩缝（1mm 左右）					
10. 地板踢脚线是否安装牢固、横平竖直					
11. 地板铺装完成后是否清洁工作场地					
12. 安装过程中有无对场地内的物品造成损坏					
13. 请您对我们安装工的服务作评价					
确认地板铺贴时间：　　　天（自地板铺贴完毕后算起）					
项目经理签字			工程监理签字		
业主确认签字					

1. 主材厂家在安装前必须通知业主、项目经理验货，安装后必须业主、项目经理

验收，合格签字后凭此单到公司材料部对账。

2.项目经理在后期主材安装施工时必须配合业主，第一时间到现场验货、确认签字、指导安装，凭此单据方可发放工资。

3.如有未尽事宜，恳请顾客提出宝贵意见和建议！

感谢您对我们工作的参与和支持，您的参与对我们非常重要，谢谢！

二十四、门安装现场验收表

尊敬的顾客:

您好!

感谢您选择苏州鲸匠装饰!在享受我们提供服务的同时,也对安装人员现场工作做好监督,请您亲笔在对应选项处打"√"。

安装人员:　　　　安装时间:　　　年　　　月　　　日

项目	很好	好	差	有/是	无/否
1. 产品现场安装时,是否与业主所选的型号和外观存在差别					
2. 清洁及检查门的各项部件是否完整					
3. 安装前清洁工作场地,是否达到安装产品的清洁度要求					
4. 产品安装时现场有无专业人员指导					
5. 门锁安装:锁把手距地高度90cm左右,无松动,开启灵活					
6. 安装门是否平直,门的开关是否顺畅,没有异常响动					
7. 我们安装的产品的五金是否顺滑,开合自如					
8. 我们安装完成后产品是否有损坏					
9. 我们的安装工有没有主动打扫卫生					
10. 我们的安装工是否损坏您家墙面、地面等处					
11. 您对我们安装工的印象怎么样					
12. 开启门扇任何位置是否都可以停稳					
13. 请您对我们安装工的服务作评价					
项目经理签字		工程监理签字			
业主确认签字					

1. 主材厂家在安装前必须通知业主、项目经理验货,安装后必须业主、项目经理验收,合格签字后凭此单到公司材料部对账。

2.项目经理在后期主材安装施工时必须配合业主，第一时间到现场验货、确认签字、指导安装，凭此单据方可发放工资。

3.如有未尽事宜，恳请顾客提出宝贵意见和建议！

感谢您对我们工作的参与和支持，您的参与对我们非常重要，谢谢！

二十五、橱柜安装现场验收表

尊敬的顾客：

您好！

感谢您选择苏州鲸匠装饰！在享受我们提供服务的同时，也对安装人员现场工作做好监督，请您亲笔在对应选项处打"√"。

安装人员：　　　　安装时间：　　　年　　　月　　　日

项目	很好	好	差	有 / 是	无 / 否
1. 产品现场安装时，是否与业主所选的型号和外观存在差别					
2. 柜体板及门扇送至工地一直到安装前是否平放					
3. 产品安装时现场有无专业人员指导					
4. 所有五金配件是否开启灵活，且无损伤					
5. 产品安装前现场有无达到安装产品标准					
6. 产品安装时，拉篮五金、水槽等需要配置的产品是否到位或提供尺寸					
7. 安装后，必须向客户介绍产品使用方法					
8. 玻璃胶处理须美观均匀，且无灰尘					
9. 请您对我们安装工的服务作评价					
确认橱柜安装时间：　　　　天（自柜体安装完毕后算起）					
项目经理签字			工程监理签字		
业主确认签字					

1. 主材厂家在安装前必须通知业主、项目经理验货，安装后必须业主、项目经理验收，合格签字后凭此单到公司材料部对账。

2. 项目经理在后期主材安装施工时必须配合业主，第一时间到现场验货、确认签字、指导安装，凭此单据方可发放工资。

3. 如有未尽事宜，恳请顾客提出宝贵意见和建议！

感谢您对我们工作的参与和支持，您的参与对我们非常重要，谢谢！

二十六、定制柜体安装现场验收表

尊敬的顾客:

您好!

感谢您选择苏州鲸匠装饰!在享受我们提供服务的同时,也对安装人员现场工作做好监督,请您亲笔在对应选项处打"√"。

安装人员:　　　　安装时间:　　　年　　月　　日

项目	很好	好	差	有/是	无/否
1. 产品现场安装时,是否与业主所选的型号和外观存在差别					
2. 产品有无损耗					
3. 产品安装时现场有无专业人员指导					
4. 安装前场地是否达到安装产品的清洁度要求					
5. 产品安装前现场是否达到安装产品标准					
6. 产品安装时,五金件等需要配置的产品是否到位或提供尺寸					
7. 产品门板是否与柜体同时安装(移门□;开门□)					
8. 产品安装完毕后,有无明显瑕疵(备注项填写)					
9. 请您对我们安装工的服务作评价					
确认定制柜体安装时间:　　　天(自柜体安装完毕后算起)					
项目经理签字			工程监理签字		
业主确认签字					

1. 主材厂家在安装前必须通知业主、项目经理验货,安装后必须业主、项目经理验收,合格签字后凭此单到公司材料部对账。

2. 项目经理在后期主材安装施工时必须配合业主,第一时间到现场验货、确认签字、指导安装,凭此单据方可发放工资。

3. 如有未尽事宜,恳请顾客提出宝贵意见和建议!

感谢您对我们工作的参与和支持,您的参与对我们非常重要,谢谢!

二十七、窗帘安装现场验收表

尊敬的顾客：

您好！

感谢您选择苏州鲸匠装饰！在享受我们提供服务的同时，也对安装人员现场工作做好监督，请您亲笔在对应选项处打"√"。

安装人员：　　　　安装时间：　　年　　月　　日

项目	很好	好	差	有/是	无/否
1. 窗帘送至现场时，是否与业主所选的型号和样式存在差别					
2. 安装人员是否知晓产品需要安装的空间位置					
3. 产品安装时现场有无专业人员指导					
4. 安装前场地是否达到安装产品的清洁度要求					
5. 请您对我们安装工的服务作评价					
确认窗帘安装时间：　　　　天（自窗帘安装完毕后算起）					
项目经理签字			工程监理签字		
业主确认签字					

1. 主材厂家在安装前必须通知业主、项目经理验货，安装后必须业主、项目经理验收，合格签字后凭此单到公司材料部对账。

2. 项目经理在后期主材安装施工时必须配合业主，第一时间到现场验货、确认签字、指导安装，凭此单据方可发放工资。

3. 如有未尽事宜，恳请顾客提出宝贵意见和建议！

感谢您对我们工作的参与和支持，您的参与对我们非常重要，谢谢！

二十八、成品家具安装现场验收表

尊敬的顾客:

您好!

感谢您选择苏州鲸匠装饰!在享受我们提供服务的同时,也对安装人员现场工作做好监督,请您亲笔在对应选项处打"√"。

安装人员:　　　　安装时间:　　　年　　　月　　　日

项目	很好	好	差	有/是	无/否
1.产品现场安装时,是否与业主所选的型号和外观存在差别					
2.安装好的家具是否有损坏					
3.产品安装前清洁工作场地,是否达到安装产品的清洁度要求					
4.产品安装时现场工人是否根据图纸设计空间进行					
5.安装过程中是否对产品轻拿轻放,小心拆包装					
6.安装结束后所有家具是否按照设计空间摆放到位					
7.安装结束后所有家具有无损坏与磕碰处					
8.安装结束后是否对工地现场进行清理					
9.安装过程中有无对场地内的物品造成损坏					
10.柜体板间连接是否牢固、无缝隙					
11.请您对我们安装工的服务作评价					
确认成品家具安装时间:　　　天(自成品家具安装完毕后算起)					
项目经理签字			工程监理签字		
业主确认签字					

1. 主材厂家在安装前必须通知业主、项目经理验货,安装后必须业主、项目经理验收,合格签字后凭此单到公司材料部对账。

2. 项目经理在后期主材安装施工时必须配合业主,第一时间到现场验货、确认签字、指导安装，凭此单据方可发放工资。

　　3.如有未尽事宜，恳请顾客提出宝贵意见和建议！

　　感谢您对我们工作的参与和支持，您的参与对我们非常重要，谢谢！

二十九、工程竣工质量验收单

客户姓名		工程地址			
竣工日期		验收时间			
检查项目名称	检查结果 合格	检查结果 不合格	复查	备注	
水路工程				给水排水畅通，无漏水现象	
强弱电工程					
泥工项目					
木工项目					
油漆项目					
安装项目					
整体工程验收意见，需要整改的细节有：					
1.					
2.					
3.					
4.					
监理复查签字：　　　　综合评定：					
注明：1.竣工验收由工程监理组织，客户、项目经理对整个工程进行全面检查验收，客户签字表明对整个质量的认可，同意工地交付，后续维修责任全部由公司承担。 2.经检查发现的以上工程质量细节需作整改，限日内整改完毕，每项整改项目均需工程监理复查签字认可才算完成。					
竣工验收签字确认记录					
客户		特殊说明			
项目经理		工程监理			